INVENTAIRE
V 28157

V

INVENTAIRE
V 28,157

PRÉVISION DU TEMPS.

50ᶜ ALMANACH 50ᶜ

ET CALENDRIER MÉTÉOROLOGIQUE

POUR

L'ANNÉE 1873,

A L'USAGE
DE L'HOMME DES MERS ET DE L'HOMME DES CHAMPS,

PAR

F.-V. RASPAIL.

PARIS
CHEZ L'ÉDITEUR DES OUVRAGES
de M. Raspail
14, RUE DU TEMPLE, 14
(de l'Hôtel de ville).

BRUXELLES
A L'OFFICE DE PUBLICITÉ,
LIBRAIRIE NOUVELLE,
46, rue de la Madeleine, 46.

EN VENTE AU MÊME BUREAU,
14, RUE DU TEMPLE, A PARIS.

HISTOIRE NATURELLE DE LA SANTÉ ET DE LA MALADIE chez les végétaux et les animaux en général et en particulier chez l'homme, — par F.-V. RASPAIL. — 3ᵉ édition, entièrement refondue et considérablement augmentée, avec des figures sur bois dans le texte, et 19 planches gravées sur acier d'après les dessins de son fils F.-Benj. RASPAIL. 3 forts volumes grand in-8.

PRIX DE L'OUVRAGE :
- avec figures en noir.................... 30 fr.
- avec figures coloriées................. 40 fr.

Afin de mettre cet ouvrage à la portée de toutes les bourses, on a pris le parti de le vendre par volume et même par série de livraisons, quoique l'ouvrage soit complet et achevé depuis mars 1860.

REVUE ÉLÉMENTAIRE DE MÉDECINE ET DE PHARMACIE DOMESTIQUES, ainsi que des sciences accessoires et usuelles, mises à la portée de tout le monde, par F.-V. RASPAIL. 2 beaux vol., — 1847-1849. Prix de chaque volume.. 6 fr.
Par la poste... 6 fr. 75

REVUE COMPLÉMENTAIRE DES SCIENCES APPLIQUÉES à la Médecine et Pharmacie, à l'Agriculture, aux Arts et à l'Industrie, par F.-V. RASPAIL. 6 vol. in-8º. Ce recueil, exclusivement consacré aux sciences d'observation, et qui a paru du 1ᵉʳ août 1854 au 1ᵉʳ juillet 1860, est une publication complémentaire de toutes les publications de M. Raspail, ne renfermant que des articles originaux, résultats raisonnés de ses nouvelles observations, expériences ou applications, en médecine humaine ou vétérinaire, pharmacie, physiologie animale et végétale, météorologie appliquée à l'agriculture, études sur l'agriculture des Flandres, etc., arts, industrie, chimie, physique, études physiognomoniques et toxicologiques, etc., etc.

Ce recueil est la continuation de la *Revue élémentaire de Médecine et Pharmacie domestiques*, journal qui a cessé de paraître le 15 mai 1849. Prix de chaque volume... 6 fr.
Par la poste... 6 fr. 75

NOUVELLES ÉTUDES SCIENTIFIQUES ET PHILOLOGIQUES (1861-1864), par F.-V. RASPAIL. Gros in-8º, avec 14 planches (10 sur cuivre et 4 sur pierre), dessinées, gravées et lithographiées par son fils F.-BENJ. RASPAIL. — Le caractère de ce recueil est suffisamment indiqué par l'épigraphe : *De omni re scibili* (On ne doit rester étranger à rien de ce que l'on peut apprendre). — Il peut être considéré comme une continuation, sous une forme non périodique, de la *Revue complémentaire des Sciences appliquées* (1854-1860). — Prix.................................. 10 fr.
Par la poste... 11 fr.

NOTICE THÉORIQUE ET PRATIQUE SUR LES APPAREILS ORTHOPÉDIQUES *de la méthode hygiénique et curative de F.-V. RASPAIL*, par CAMILLE RASPAIL FILS, médecin. — Brochure in-8º, avec figures sur bois dans le texte. — 2ᵉ édition. — Prix............................. 1 fr. 25 c.

ALMANACH

ET

CALENDRIER MÉTÉOROLOGIQUE

POUR

L'ANNÉE 1873.

OUVRAGES RÉCEMMENT PARUS

RÉFORMES SOCIALES
Par F.-V. RASPAIL

Un vol. grand in-8°. — 6 fr. 50 c.; — par la poste : 7 fr.

RELATION DE LA GUERRE EN NORMANDIE
1870-1871
Par XAVIER RASPAIL
Médecin, Ex-Aide-Major au 1er *Éclaireurs de la Seine*

Un volume in-18 jésus : 3 fr.

(*Envoi contre mandat ou timbres-poste.*)

Clichy, Imp. Paul Dupont et Cie, rue du Bac-d'Asnières, 12.

PRÉVISION DU TEMPS

ALMANACH

ET

CALENDRIER MÉTÉOROLOGIQUE

POUR

L'ANNÉE 1873,

A L'USAGE

DE L'HOMME DES MERS ET DE L'HOMME DES CHAMPS ;

PAR

F.-V. RASPAIL.

PARIS
CHEZ L'ÉDITEUR DES OUVRAGES
de M. Raspail,
14, RUE DU TEMPLE, 14
(près de l'Hôtel-de-Ville).

BRUXELLES
A L'OFFICE DE PUBLICITÉ,
LIBRAIRIE NOUVELLE
46, rue de la Madeleine, 46.

AVERTISSEMENT

Le succès de ce petit *calendrier*, depuis son apparition en 1865, n'a cessé d'aller en croissant, et l'on peut dire qu'il ne le doit qu'à lui-même, ainsi que tous nos autres livres d'un plus grand format.

Après la publicité de l'annonce que nous payons, vous savez tous que nulle feuille de Paris n'en a dit le plus petit mot possible ; et pourtant les grands journaux consacrent d'assez longues pages aux élucubrations des savants académiciens. Mais moi, comme je suis assez impie pour n'aller à aucun pèlerinage, auprès d'aucune Vierge en plâtre, en bronze ou en marbre, la haute presse se garde bien de me tendre la main.

Cependant ce que j'écris ici est de la plus haute science, et a produit une aussi grande révolution parmi les savants, que ce qui l'accompagne, ce petit livre, parmi les libres penseurs et les hommes humanitaires de quelque opinion politique qu'ils soient ; et voilà pourquoi tout le monde me lit et personne n'en parle parmi nos grands écrivassiers; ce dont je me passe le mieux du monde : ces braves gens ont bien d'autres bonnes ou mauvaises nouvelles, moitié vraies et moitié fausses, à débrouiller et arranger à leur façon ; et je les laisse faire.

Quant au silence des savants, c'est une tout autre chose : il y a 18 ans (1854) que ce *nouveau système de météorologie* s'est fait jour dans la *Revue complémentaire des sciences*, journal que j'ai publié dans mon exil, après lui avoir consacré quatre ans d'études de jour et de nuit, dans ma prison de Doullens, où l'aurore ne me montrait pas tous les jours ses doigts de rose.

Mais aux yeux de la science qui s'occupe de la pluie et du beau temps, les jours les plus féconds en découvertes, ce sont les jours de pluie, de tempêtes et d'orages, de neige et de grésil ; et ces sortes de beaux jours pour la *météorologie*, car ils sont les plus occupés, ne nous manquaient pas à Doullens.

Des quatre observations assez longues de chaque jour, il en est bien peu qui n'aient été faites à l'heure juste et inscrites sur mon journal ; et il est peu d'événements célestes qui n'aient été observés avec soin. J'ose assurer que la science n'a pas de séjour plus propice qu'une prison imposée par la loi ou une prison volontaire ; et même la science de l'astronomie, quand elle est perchée dans une haute tour, mais sans barreaux aux fenêtres.

Je bénis parfois mes quatre ans de servitude légale, moins son injustice et en dépit des compagnons, tous mes ennemis, quoique venus de toutes les geôles possibles, et à qui je n'ai cessé à chaque instant de donner mes soins en signe de pardon, et pour leurs coups d'épingle et pour leurs tentatives de mort.

Oh! que j'en ai pardonné, dans ma longue existence, de ces péchés d'ingratitude! de la part de mes ennemis et, il faut bien le dire, même de mes amis.

Mais l'Académie des sciences, saint éteignoir des lumières, comme l'Académie française est un saint éteignoir du langage, deux puissances égales dans la société de l'obscurantisme, elle exige de ma plume un tout autre traitement : car libre penseur pour éclairer le monde, je suis humanitaire pour le préserver. Si je ne parviens pas encore tout à fait à vous préserver de ses embûches, je ne laisse pas que de l'éclairer malgré elle et de soulever, pendant qu'elle dort, une portion de son éteignoir pour en répandre au loin la lumière. Cela ne peut, il est vrai, s'obtenir qu'à la faveur du plagiat; mais elle le pardonne, comme une œuvre pie, au premier venu quel qu'il soit, pourvu que cela arrive à son *nombre d'or* (tous les dix-huit ans). Or pour le *nouveau système de météorologie*, vous vous assurerez, dans le cours de ce petit ouvrage, que nous y sommes parvenus, si cela plaît à Dieu; car la publication date de 1854, comptez bien sur vos doigts.

On a enfin passé l'éponge sur les hautes colères d'Arago, de Biot et de Régnault contre la *météorologie*, et l'on finit par adopter ce nouveau *système*, quoique émané d'un nom justement abhorré; aujourd'hui Rome le permet et Dieu le bénit.

N° 1.

L'année grégorienne 1873 correspond :

Aux neuf derniers mois de l'année LXXXI et aux trois premiers de l'année LXXXII de l'ère républicaine, qui a commencé le 22 septembre à minuit;

A l'année 6586 de la période julienne ;

A l'an 2649 des Olympiades ou à la 1re année de la 663e Olympiade * ;

A l'an 2626 de la fondation de Rome ;

A l'an 1289 de l'Hégyre** calendrier turc, qui commence le 11 mars 1872 et l'année 1290 commence le 1er mars 1873.

---

* OLYMPIADE, espace de quatre ans entiers entre deux jeux olympiques, dans l'ancienne Grèce. La chronologie comptait par Olympiade et par quart d'Olympiade (1re année, 2e année, 3e année et 4e année de telle ou telle Olympiade). Les Romains comptaient par LUSTRE, espace de cinq ans compris entre deux époques expiatoires. Notre langue, toujours un peu prétentieuse et académique dans son exquise politesse, a retenu cette locution abréviative pour désigner un âge qui n'est plus le printemps et qui n'est pas encore l'automne : « *J'ai huit lustres* » dispense de dire : « *J'ai quarante ans* » ; l'énigme est un faux-fuyant qui retarde l'aveu.

** D'où est venu notre mot d'*ère*. HÉGYRE, en arabe, signifie *fuite*, c'est-à-dire le jour de la fuite de Mahomet, qui, persécuté à la Mecque, commença sa mission en se retirant à *Yatreb*, aujourd'hui *Médine*.

N° II.

COMPUT ECCLÉSIASTIQUE		QUATRE-TEMPS	
Nombre d'or en 1873.....	12	Mars............	5, 7 et 8
Épacte.................	1	Juin............	4, 6 et 7
Cycle solaire...........	6	Septembre......	17, 19 et 20
Indiction romaine.......	1	Décembre.......	17, 19 et 20
Lettre dominicale.......	E		

FÊTES MOBILES.

Septuagésime.	9 février	Pentecôte......	1er juin
Cendres......	26 février	Trinité.........	8 juin
Pâques......	13 avril*	Fête-Dieu......	12 juin
Rogations....	19, 20 et 21 mai	1er dimanche de	
Ascension....	22 mai	l'avent.......	30 novembre

*La Pâques des Israélites ou la fête de la pleine lune (P. L.) la plus proche de l'équinoxe du printemps, tombe, cette année, le samedi 12 avril 1873. Les chrétiens ne la célèbrent que le dimanche suivant, qui, cette année, tombe le 13 avril. La raison en est qu'ils ne veulent pas célébrer cette fête le même jour que les Juifs, leurs grands-pères. Caprices de la haine d'intolérance, qui est aveugle comme toutes les haines! Ils veulent célébrer la Pâques de la même manière que l'a célébrée Jésus de Nazareth, qui est né et mort Juif; or, Jésus l'a célébrée, toute sa vie, le 14 de la lune de mars, et ne l'a jamais renvoyée au samedi suivant qui était le dimanche des Juifs et le sien. Que voulez-vous? les religions ne raisonnent pas; l'arbitraire en est l'essence : Jésus s'est fait faire une ablution par Jean, qui était Juif; nous avons élevé cette action à la dignité de sacrement; il s'est fait circoncire, et, dans certaines églises, on a longtemps conservé le culte du prépuce, ou produit de sa circoncision; or les chrétiens ont la circoncision en horreur. Pourquoi maudire la circoncision et adorer en même temps Jésus qui s'honora d'être circoncis? Par

N° III.

COMMENCEMENT DES QUATRE SAISONS EN 1873.

Printemps. le 20 mars à 1 h. 2 m. du soir.
Été...... le 21 juin à 9 h. 35 m. du matin.
Automne.. le 22 septembre à 11 h. 44 m. du soir.
Hiver..... le 21 décembre à 5 h. 42 m. du soir.

N° IV.

Il y aura en 1873 deux éclipses de soleil et deux éclipses de lune :

1° Éclipse totale de Lune, invisible à Paris, le 12 mai 1873 ;

2° Éclipse partielle du soleil, visible à Paris, le 26 mai 1873, de 7 h. 44 m. 7 à 9 h. 25 m. ;

3° Éclipse totale de lune en partie visible à Paris, le 4 novembre 1873, de 2 h. 15 m. 5 à 5 h. 44 m. 7 ;

4° Éclipse partielle de soleil, invisible à Paris, le 20 novembre 1873.

la même raison qu'on croit à l'Ancien Testament, et qu'on a longtemps condamné aux bûchers ceux de qui nous tenons la lettre et le sens de ces livres, ainsi que la foi aveugle en ces légendes. Quand donc les hommes adoreront-ils Dieu en toute humilité, chacun à sa manière, dans le langage de son cœur, et sans faire un crime à personne de la façon particulière dont il l'adore autrement ? La vie humaine ne sera jusque-là qu'un féroce et stupide combat ou une arène de discussions oiseuses et stériles.

N° V.

EXPLICATION DES ABRÉVIATIONS ET SIGNIFICATION DES MOTS EMPLOYÉS DANS LES DIVERS CALENDRIERS DE CE LIVRE.

Conjug. — Conjugaison, époque à laquelle la lune et le soleil sont dans le plan du même degré de latitude terrestre, c'est-à-dire au même degré de déclinaison.

Éq. L. — Équilune, époque à laquelle la lune se trouve sur la ligne équinoxiale ou équateur, c'est-à-dire à 0° de déclinaison.

Équinoxe. — Époque à laquelle le soleil se trouve sur la ligne équinoxiale, c'est-à-dire à 0° de déclinaison, de manière que les nuits (*noctes*) soient égales (*æquæ*) aux jours. Le soleil passe deux fois chaque année sur cette ligne : l'une qui détermine le commencement de la saison du printemps (*équinoxe du printemps*) et l'autre celui de la saison d'automne (*équinoxe d'automne*).

L. A. — Lunestice austral, époque à laquelle la lune a atteint son plus haut degré de déclinaison ou sa plus grande distance de l'équateur, dans la région australe du ciel.

L. B. — Lunestice boréal, époque à laquelle la lune a atteint son plus haut degré de déclinaison

— 12 —

ou sa plus grande distance de l'équateur, dans la région boréale du ciel.

N. L. — Nouvelle lune (*néoménie*), lune en conjonction avec le soleil; époque où la lune et le soleil se trouvent sur la même longitude.

P. L. — Pleine lune, lune en opposition diamétrale avec le soleil, c'est-à-dire se trouvant à 180° de la longitude du soleil.

N. B. On appelle ces deux phases les Syzygies.

P. Q. — Premier quartier, époque où la lune passe au méridien à 6 h. du soir, et où sa moitié éclairée regarde le couchant.

D. Q. — Dernier quartier, époque où la lune passe au méridien à 6ʰ du matin et où sa moitié éclairée regarde le levant.

N. B. Dans les quartiers, les longitudes de la lune et du soleil diffèrent de 90° : on les appelle aussi les quadratures, vu que la distance de 90° est le quart du cercle divisé en 360°.

Solstice. — Époque où le soleil a atteint son plus grand degré de déclinaison, c'est-à-dire sa plus grande distance de la ligne équinoxiale, soit dans la région boréale (*solstice d'été* où commence la saison de l'été), soit dans la région australe (*solstice d'hiver* où commence la saison de l'hiver).

Apogée. — Époque où le soleil et la lune sont à leur plus grande distance de la terre.

Périgée. — Époque où le soleil et la lune sont à leur moindre distance de la terre. Dans le Calendrier météorologique, ces deux indications ne s'appliquent qu'à la lune. Les périgées et apogées reviennent à peu près aux mêmes époques de l'année solaire tous les 9 ans, ou mieux tous les 18 ans.

j. = Jour.

h. = Heure.

m. = Minute.

° (en haut d'un chiffre) = Degré de la division adoptée pour la mesure du cercle ou d'un instrument météorologique. — Exemples : 20° de latitude = vingtième degré du cercle méridien divisé en 360 parties égales; 20° centigrade = vingtième degré du tube thermométrique sur lequel la distance du point de la glace fondante au point d'ébullition a été divisée en cent parties égales.

PHASES. — Ce mot, qui signifie en grec *apparences*, sert à désigner les *syzygies* et les *quadratures*, ces quatre principaux aspects de la lune.

POINTS LUNAIRES. — Ce mot désigne, outre la conjugaison, les positions de la lune qui sont analogues aux équinoxes et aux solstices.

Bar. — BAROMÈTRE, instrument destiné à mesurer la hauteur ou pesanteur de la colonne ou cône atmosphérique, par la hauteur de la colonne de mercure qui lui fait contre-poids (du grec *baros* pesanteur et *metron* mesure).

Ther. — THERMOMÈTRE, instrument destiné à évaluer l'élévation ou l'abaissement de la température de l'air (de *thermè* chaleur et *metron* mesure), Météorologique (Calendrier). — Partie du calendrier qui indique les phases et les points lunaires et solaires, comme points de repère pour prévoir avec une certaine probabilité les changements et phénomènes atmosphériques.

Mois solaire. — Nombre de jours variable de 28 à 31 dans le Calendrier grégorien ou Calendrier catholique, et invariable (de 30 jours) dans le Calendrier républicain.

Mois lunaire synodique. — Nombre de jours et heures que la lune met à revenir en conjonction avec le soleil ; ces mois lunaires sont presque alternativement de 29 et de 30 jours dans les calendriers, vu que le mois synodique est de 29 jours $12^h 44^m$ environ.

Mois lunaire périodique. — Nombre de jours et heures que la lune met à faire le tour du zodiaque, c'est-à-dire à revenir au point du zodiaque d'où elle était partie. Ce mois est de 27 jours $7^h 45^m$ environ. C'est pour nous le vrai mois météorologique, celui qui reproduit aux mêmes époques les mêmes dépressions atmosphériques, c'est-à-dire qui détermine les mêmes tendances à l'élévation ou à l'abaissement de la colonne barométrique. Il est rationnel de le compter d'un lunestice austral (L. A.) à l'autre. Les lunestices reviennent, à peu près, aux mêmes époques de l'année solaire, tous les 19 ans.

AXIOMES DE MÉTÉOROLOGIE

POUR L'INTELLIGENCE DE L'ALMANACH MÉTÉOROLOGIQUE *.

1º Les phénomènes météorologiques découlent tous de la compression que des atmosphères éthérées, spécialement de la lune et du soleil, et accessoirement celles des autres planètes, exercent, en parcourant leur orbite, sur l'atmosphère éthérée de notre globe.

2º La colonne barométrique donne, pour ainsi dire, la mesure de ces compressions.

3º Les nuages arrivent dès que le baromètre baisse ou se maintient au même niveau; ils se séparent et disparaissent dès que le baromètre monte.

4º En descendant dans les couches inférieures de notre atmosphère et en se rapprochant de nous, ils semblent arriver et grandir d'un instant à l'autre; en s'élevant dans l'atmosphère, ils semblent se rapetisser et disparaître.

5º La tendance de la colonne barométrique à monter se manifeste depuis chaque *équilune* (Eq. L.) à l'un ou l'autre *lunestice* (L. A. ou L. B.); la tendance de la colonne barométrique à descendre a lieu de chaque *lunestice* à *l'équilune;* cependant en hiver la marche descendante se continue quelque temps après l'équilune vers le lunestice austral.

6º La marche ascendante ou descendante de la colonne barométrique est interrompue par les quartiers (P. Q. et D. Q.) de la lune et la descendante par les syzygies (N. L. et P. L.).

---

* Ces axiomes sont les applications pratiques des principes du NOUVEAU SYSTÈME DE MÉTÉOROLOGIE que nous avons développé dans la *Revue complémentaire des sciences appliquées*, de 1854 à 1860, et dont nous avons donné un ample résumé dans les trois almanachs qui précèdent celui de l'année 1868. — Nous y renvoyons nos lecteurs

7° La colonne barométrique descend un à deux jours avant, et un à deux jours après les syzygies, beaucoup plus bas à la nouvelle lune (N. L.) qu'à la pleine lune (P. L.). Pour juger de l'instant où doit arriver l'influence des phases et points lunaires, il faut bien remarquer, sur le calendrier météorologique, l'heure du jour où ils arrivent ; c'est à cette heure que leur influence commence.

8° Les *périgées* de la lune et du soleil accroissent la tendance à la baisse de la colonne barométrique, et les *apogées* la tendance à la hausse. De là vient qu'en hiver, et du fait du soleil, le mauvais temps est presque la règle générale, et le beau temps en été; le soleil arrive l'hiver à son périgée, et l'été à son apogée. Il en est de même de l'influence des *périgées* et des *apogées* de la lune, qui se succèdent chaque mois ; car le mois est l'année de la lune. Les périgées de la lune augmentent l'intensité du mauvais temps et diminuent l'intensité du beau. Les apogées de la lune ajoutent au caractère du beau et diminuent l'intensité du mauvais ; c'est pour cela que l'*apogée* se trouvant vers le 9 décembre 1871, les grands froids qui devaient arriver vers l'apogée du 12 janvier 1872 sont arrivés vers le 9 décembre 1871, et le froid de janvier a été un froid ordinaire.

9° Il survient un changement de temps et une interruption à l'ascension et à l'abaissement de la colonne barométrique tous les trois jours, durée de la vague atmosphérique.

10° Le baromètre descend également à l'époque de la *conjugaison* (conjug.).

11° Il faut s'attendre à de grandes tempêtes quand les deux astres marchent à la fois de l'équilune (Éq.-L.) au lunestice austral (L. A.), et quand l'équilune (Éq. L.) correspond aux syzygies, surtout aux équinoxes.

12° Les différences qu'on pourra observer entre les phénomènes météorologiques de l'année 1873 et les observations de l'année 1816, année correspondante de 1873 dans la période lunaire de 19 ans, tiennent d'abord à la différence des *périgées* et des *apogées*, qui ne concordent que tous les 9 ans, mais surtout à l'apparition d'une comète, pendant l'une ou l'autre de ces deux années. L'apparition d'une comète amène, en général, une chaleur et une sécheresse exceptionnelles, causes d'épidémie et de choléra, et sa disparition des pluies diluviennes.

13° Quand vous verrez le baromètre continuer à baisser sans apparition de nuages, l'horizon se charger d'un brouillard sec et chaleureux, les nuages monter, fondre en l'air et disparaître à mesure qu'ils arrivent, prononcez hardiment qu'il apparaît une comète, et l'événement confirmera votre prédiction.

14° Mais n'allez pas croire que la quantité d'eau tombée sur une localité soit la même tous les ans pour une surface donnée; c'était là l'idée d'Arago qui transportait, dans l'administration de la science, les habitudes autoritaires de son caractère et de ses mœurs. Pendant tout l'espace du temps qu'il a passé à l'Observatoire, l'*Annuaire du Bureau des longitudes* n'a cessé de donner la même quantité de pluie pour la grande ville de Paris; et cette indication n'a cessé de paraître et d'être admise que depuis nos premières publications dans la *Revue complémentaire* :

En effet, pendant le même orage, ces quantités d'eau varient à l'infini selon les vents et les expositions des divers mouvements des terrains, et selon l'épaisseur des nuages de brouillard, de neige et de glace; ensuite selon l'élévation de la température qui les fond et les transforme en pluie. Ainsi il arrive chaque jour qu'il pleut par torrents à Montmartre, pendant qu'il fait beau ou qu'il ne tombe que quelques gouttes d'eau à l'Observatoire, et *vice versâ*. Une pareille balourdise n'aurait pas eu lieu chaque année, si la place de directeur de l'Observatoire avait été mise au concours.

No. VI.

CONCORDANCE
DU
TRIPLE CALENDRIER

GRÉGORIEN

RÉPUBLICAIN

ET

MÉTÉOROLOGIQUE *

POUR L'ANNÉE 1873

---

* Le *Calendrier grégorien* est le calendrier légal en France depuis 1806. Le *Calendrier républicain* a été le calendrier légal de 1792, ou plutôt 1793, jusqu'en 1806, c'est-à-dire pendant près de treize ans d'exercice sur toute l'étendue du territoire français d'alors.

— 19 —

An 1873 CALENDRIER GRÉGORIEN		An LXXXI CALENDR. RÉPUBLICAIN ET AGENDA AGRICOLE			J. lunaires	Phases lunaires.	CALENDRIER MÉTÉOROL. Points lunaires et solaires.
\multicolumn{8}{c}{**JANVIER** — **NIVOSE**}
1	mercr.	Circoncision.	11	prim.	Granit.	3	
2	jeudi.	s^t Clair.	12	duodi.	Argile.	4	
3	vendr.	s^{te} Geneviève.	13	tridi.	Ardoise.	5	
4	sam.	s^t Rigobert.	14	quart.	Grès.	6	
5	dim.	s^t Siméon.	15	quint.	LAPIN.	7	P. Q.	Éq. L.
6	lundi.	Les Rois.	16	sextidi	Silex.	8	
7	mardi.	s^{te} Mélanie.	17	septidi	Marne.	9	
8	mercr.	s^t Lucien.	18	octidi.	Pierre à ch.	10	
9	jeudi.	s^t Adrien.	19	nonidi	Marbre.	11	
10	vendr.	s^t Agathon.	20	décadi	VAN.	12	
11	sam.	s^t Théodose.	21	prim.	Pierre à pl.	13	
12	dim.	s^t Arcadius.	22	duodi.	Sel.	14		L. B.
13	lundi.	Bapt. de J.-C.	23	tridi.	Fer.	15	P. L.
14	mardi	s^t Hilaire.	24	quart.	Cuivre.	16	
15	mercr.	s^t Maur.	25	quint.	CHAT.	17		Périgée.
16	jeudi.	s^t Guillaume.	26	sextidi	Étain.	18	
17	vendr.	s^t Antoine.	27	septidi	Plomb.	19	
18	sam.	Ch. de s^t Pier.	28	octidi.	Zinc.	20	
19	dim.	s^t Sulpice.	29	nonidi	Mercure.	21		Éq. L.
20	lundi.	s^t Sébastien.	30	décadi	CRIBLE.	22	
\multicolumn{8}{c}{**PLUVIOSE**}
21	mardi.	s^{te} Agnès, v.	1	prim.	Lauréole.	23	D. Q.
22	mercr.	s^t Vincent.	2	duodi.	Mousse.	24	
23	jeudi.	s^t Raymond.	3	tridi.	Fragon.	25		Conjug.
24	vendr.	s^t Thimothée	4	quart.	Perce-neige.	26	
25	sam.	C. de s^t Paul.	5	quint.	TAUREAU.	27	
26	dim.	s^t Polycarpe.	6	sextidi	Laur.-thym.	28		L. A.
27	lundi.	s^t J. Chrysost.	7	septidi	Amadouvier	29	
28	mardi.	s^t Charlemag.	8	octidi.	Mézéréon.	30	N. L.	Apogée.
29	mercr.	s^t Fr. de Sal.	9	nonidi	Peuplier.	1		Conjug.
30	jeudi.	s^{te} Bathilde.	10	décadi	COIGNÉE.	2	
31	vendr.	s^{te} Marcelle.	11	prim.	Ellébore.	3	

PHASES LUNAIRES	POINTS LUNAIRES	
P. Q. le 5, à 9 h. 37 m. du soir.	Eq. L. le 5, vers 10 h. m.	L. A. le 26, v. 6 h. s.
P. L. le 13, à 4 h. 32 m. du soir.	L. B. le 12, vers midi.	Conj. le 29, v. 7 h. s.
D. Q. le 21, à 5 h. 46 m. du soir.	Eq. L. le 19, v. minuit.	
N. L. le 28, à 3 h. 36 m. du soir.	Conjug. le 23, v. 8 h. s.	

1873 — An LXXXI

CALENDRIER GRÉGORIEN		CALENDR. RÉPUBLICAIN ET AGENDA AGRICOLE		J. lunaires	Phases lunaires	CALENDRIER MÉTÉOROL. Points lunaires et solaires
FÉVRIER		**PLUVIOSE**				
1 sam.	s^t Ignace.	12 duodi.	Brocoli.	4		Éq. L.
2 dim.	Purification	13 tridi.	Laurier.	5		
3 lundi.	s^t Blaise.	14 quart.	Aveline.	6		
4 mardi.	s^t Gilbert.	15 quint.	Vache.	7	P. Q.	
5 mercr.	s^{te} Agathe.	16 sextidi	Buis.	8		
6 jeudi.	s^t Waast, év.	17 septidi	Lichen.	9		
7 vendr.	s^t Romuald.	18 octidi.	If.	10		
8 sam.	s^t Jean de M.	19 nonidi	Pulmonaire.	11		L. B.
9 dim.	*Septuagésim.*	20 décadi	Serpette.	12		
10 lundi.	s^{te} Scholastiq.	21 prim.	Thlaspi.	13		
11 mardi.	s^t Séverin.	22 duodi.	Thymèlé.	14		Périgée.
12 mercr.	s^t Mélèce.	23 tridi.	Chiendent.	15	P. L.	
13 jeudi.	s^t Grégoire.	24 quart.	Traînasse.	16		
14 vendr.	s^t Valentin.	25 quint.	Lièvre.	17		
15 sam.	s^t Faustin.	26 sextidi	Guède.	18		
16 dim.	s^t Flavien.	27 septidi	Noisetier.	19		Éq. L.
17 lundi.	s^t Théodule.	28 octidi.	Cyclamen.	20		
18 mardi.	s^t Siméon.	29 nonidi	Chélidoine.	21		Conjug.
19 mercr.	s^t Boniface.	30 décadi	Traineau.	22		
		VENTOSE				
20 jeudi.	s^t Éleuthère.	1 prim.	Tussilage.	23	D. Q.	
21 vendr.	s^t Pépin.	2 duodi.	Cornouiller.	24		
22 sam.	s^{te} Isabelle.	3 tridi.	Violier.	25		
23 dim.	s^t Mérant.	4 quart.	Troène.	26		L. A.
24 lundi.	s^t Mathias.	5 quint.	Bouc.	27		
25 mardi.	s^t Nicéphore.	6 sextidi	Asaret.	28		
26 mercr.	Cendres.	7 septidi	Alaterne.	29		Apogée.
27 jeudi.	s^t Léandre.	8 octidi.	Violette.	1	N. L.	Conjug.
28 vendr.	s^{te} Honorine.	9 nonidi	Marceau.	2		

PHASES LUNAIRES

P. Q. le 4, à 10 h. 15 m. du mat.
P. L. le 12, à 11 h. 12 m. du mat.
D. Q. le 20, à 11 h. 32 m. du mat.
N. L. le 27, à 3 h. 31 m. du matin.

POINTS LUNAIRES

Éq. L. le 1er, v. 5 h. du s.
L. B. le 8, v. 5 h. du s.
Éq. L. le 16, v. 5 h. du m.
Conj. le 18, v. 10 h. du m.

L. A. le 23, v. 4 h. du m.
Conj. le 27, v. 10 h. du s.

— 21 —

An 1873 CALENDRIER GRÉGORIEN		An LXXXI CALENDR. RÉPUBLICAIN ET AGENDA AGRICOLE		CALENDRIER MÉTÉOROL.		
				J. lunaires	Phases lunaires.	Points lunaires et solaires.
MARS		**VENTOSE**				
1	sam.	st Aubin.	10 DÉCADI	BÊCHE.	3		Éq. L.
2	dim.	st Simplice.	11 prim.	Narcisse.	4		
3	lundi	ste Cunégond.	12 duodi.	Orme.	5		
4	mardi.	st Casimir.	13 tridi.	Fumeterre.	6		
5	mercr.	st Adrien.	14 quart.	Vélar.	7		
6	jeudi.	ste Colette.	15 quint.	CHÈVRE.	8	P. Q.	
7	vendr.	st Thom. d'A.	16 sextidi	Epinards.	9		L. B.
8	sam.	st Jean de D.	17 septidi	Doronic.	10		
9	dim.	ste Françoise.	18 octidi.	Mouron.	11		
10	lundi.	ste Dorothée.	19 nonidi	Cerfeuil.	12		Périgée.
11	mardi.	st Euloge.	20 DÉCADI	CORDEAU.	13		
12	mercr.	st Grégoire.	21 prim.	Mandragore	14		
13	jeudi.	ste Euphrasie	22 duodi.	Persil.	15		
14	vendr.	ste Mathilde.	23 tridi.	Cochléaria.	16	P. L.	Éq. L.
15	sam.	st Zacharie.	24 quart.	Pâquerette.	17		Conjug.
16	dim.	st Julien.	25 quint.	Thon.	18		
17	lundi.	ste Gertrude.	26 sextidi	Pissenlit.	19		
18	mardi.	st Alexandre.	27 septidi	Sylvie.	20		Equinoxe
19	mercr.	st Joseph.	28 octidi.	Capillaire.	21		1 h. 2 m.
20	jeudi.	st Joachim.	29 nonidi	Frêne.	22		du s.
21	vendr.	st Benoit.	30 DÉCADI	PLANTOIR.	23	D. Q.	
			GERMINAL				
22	sam.	st Emile.	1 prim.	Primevère.	24		L. A.
23	dim.	st Victorien.	2 duodi.	Platane.	25		
24	lundi.	st Simon, m.	3 tridi.	Asperge.	26		
25	mardi.	st Irénée.	4 quart.	Tulipe.	27		
26	mercr.	st Ludger.	5 quint.	POULE.	28		Apogée.
27	jeudi.	st Jean, erm.	6 sextidi	Bette.	29		
28	vendr.	st Gontran.	7 septidi	Bouleau.	30	N. L.	Éq. L.
29	sam.	st Marc, év.	8 octidi.	Jonquille.	1		Conjug.
30	dim.	st Rieul.	9 nonidi	Aulne.	2		
31	lundi.	ste Balbine.	10 DÉCADI	COUVOIR.	3		

PHASES LUNAIRES	POINTS LUNAIRES	
P. Q. le 6, à 1 h. 34 m. du mat.	Eq. L. le 1er, vers 3 h. m.	L. A. le 22, vers midi.
P. L. le 14, à 5 h. 54 m. du mat.	L. B. le 7, vers 10 h. s.	Eq. L. le 28, vers 2 h. s.
D. Q. le 21, à 10 h. 29 m. du soir.	Eq. L. le 15, vers 11 h. m.	Conj. le 29, vers 2 h. m.
N. L. le 28, à 4 h. 3 m. du soir.	Conjug. le 15, v. 8 h. s.	

— 22 —

An 1873 CALENDRIER GRÉGORIEN		An LXXXI CALENDR. RÉPUBLICAIN ET AGENDA AGRICOLE		CALENDRIER MÉTÉOROL.		
				J. lunaires.	Phases lunaires.	Points lunaires et solaires.
AVRIL		**GERMINAL**				
1	mardi.	st Valéry.	11 prim.	Pervenche.	4		
2	mercr.	st Franç. de P.	12 duodi.	Charme.	5		
3	jeudi.	st Richard.	13 tridi.	Morille.	6		
4	vendr.	st Ambroise.	14 quart.	Hêtre.	7	P. Q.	L. B.
5	sam.	st Albert.	15 quint.	Abeille.	8		
6	dim.	*Rameaux.*	16 sextidi	Laitue.	9		
7	lundi.	st Romuald.	17 septidi	Mélèze.	10		
8	mardi.	st Gautier.	18 octidi.	Ciguë.	11		Périgée.
9	mercr.	ste Marie Ég.	19 nonidi	Radis.	12		
10	jeudi.	st Macaire.	20 DÉCADI	Ruche.	13		Conjug.
11	vendr.	*Vendredi-S.*	21 prim.	Gaînier.	14		Éq. L.
12	sam.	st Jules, pape.	22 duodi.	Romaine.	15	P. L.	
13	dim.	Pâques.	23 tridi.	Marronnier.	16		
14	lundi.	st Tiburce.	24 quart.	Roquette.	17		
15	mardi.	st Maxime.	25 quint.	Pigeon.	18		
16	mercr.	st Paterne.	26 sextidi	Lilas.	19		
17	jeudi.	st Anicet.	27 septidi	Anémone.	20		
18	vendr.	st Apollonius	28 octidi.	Pensée.	21		L. A.
19	sam.	st Timon.	29 nonidi	Myrtille.	22		
20	dim.	st Marcellin.	30 DÉCADI	Greffoir.	23	D. Q.	
			FLORÉAL				
21	lundi.	st Anselme.	1 prim.	Rose.	24		
22	mardi.	ste Opportune	2 duodi.	Chêne.	25		
23	mercr.	st Georges.	3 tridi.	Fougère.	26		Apogée.
24	jeudi.	st Léger.	4 quart.	Aubépine.	27		Éq. L.
25	vendr.	st Marc.	5 quint.	Rossignol.	28		
26	sam.	st Clet.	6 sextidi	Ancolie.	29	N. L.	
27	dim.	st Anastase.	7 septidi	Muguet.	1		Conjug.
28	lundi.	st Vital.	8 octidi.	Champignon	2		
29	mardi.	st Robert.	9 nonidi	Hyacinthe.	3		
30	mercr.	st Eutrope.	10 DÉCADI	Rateau.	4		

PHASES LUNAIRES.

P. Q. le 4, à 6 h. 45 m. du s.
P. L. le 12, à 10 h. 0 m. du s.
D. Q. le 20, à 5 h. 57 m. du mat.
N. L. le 26, à 10 h. 51 m. du s.

POINTS LUNAIRES

L. B. le 4, vers 6 h. m.
Conj. le 10, vers 10 h. m.
Eq. L. le 11, vers 6 h. s.
L. A. le 18, vers 4 h. s.

Eq. L. le 24, vers min.
Conj. le 27, vers 6 h. m.

— 23 —

An 1873 CALENDRIER GRÉGORIEN		An LXXXI CALENDR. RÉPUBLICAIN ET AGENDA AGRICOLE			L. lunaires	Phases lunaires	CALENDRIER MÉTÉOROL. Points lunaires et solaires.
MAI			**FLORÉAL**				
1	jeudi.	s^t Jacq. s^t Ph.	11	prim.	Rhubarbe.	5		L. B.
2	vendr.	s^t Athanase.	12	duodi.	Sainfoin.	6		
3	sam.	Inv. Ste Croix.	13	tridi.	Bouton d'or.	7		
4	dim.	s^{te} Monique.	14	quart.	Chamérisier.	8	P. Q.	
5	lundi.	C. de St Aug.	15	quint.	VER A SOIE.	9		Périgée.
6	mardi.	s^t Jean P. L.	16	sextidi	Consoude.	10		
7	mercr.	s^t Stanislas.	17	septidi	Pimprenelle	11		
8	jeudi.	s^t Désiré, év.	18	octidi.	Corb. d'or.	12		
9	vendr.	s^t Hermas.	19	nonidi	Arroche.	13		Éq. L.
10	sam.	s^t Gordien.	20	DÉCADI	SARCLOIR.	14		
11	dim.	s^t Mamert.	21	prim.	Statice.	15		
12	lundi.	s^t Épiphane.	22	duodi.	Fritillaire.	16	P. L.	
13	mardi.	s^t Servais.	23	tridi.	Bourrache.	17		
14	mercr.	s^t Pacôme.	24	quart.	Valériane.	18		
15	jeudi.	s^t Isidore.	25	quint.	CARPE.	19		L. A.
16	vendr.	s^t Honoré.	26	sextidi	Fusain.	20		
17	sam.	s^t Pascal.	27	septidi	Civette.	21		
18	dim.	s^t Éric, roi.	28	octidi.	Buglose.	22		
19	lundi.	s^t Yves.	29	nonidi	Sénevé.	23	D. Q.	Apogée.
20	mardi.	s^t Bernardin.	30	DÉCADI	HOULETTE	24		
			PRAIRIAL				
21	mercr.	s^t Hospice.	1	prim.	Luzerne.	25		
22	jeudi.	ASCENSION.	2	duodi.	Hémérocalle	26		Éq. L.
23	vendr.	s^t Didier, év.	3	tridi.	Trèfle.	27		
24	sam.	s^t Donatien.	4	quart.	Angélique.	28		
25	dim.	s^t Urbin.	5	quint.	CANARD.	29		
26	lundi.	s^t Quadrat.	6	sextidi	Mélisse.	1	N. L.	Conjug.
27	mardi.	s^t Hildevert.	7	septidi	Fromental.	2		
28	mercr.	s^t Germ., év.	8	octidi.	Martagon.	3		L. B.
29	jeudi.	s^t Maxime.	9	nonidi	Serpolet.	4		
30	vendr.	s^{te} Émilie.	10	DÉCADI	FAUX.	5		
31	sam.	s^{te} Pétronille	11	prim.	Fraise.	6		Conjug.

PHASES LUNAIRES	POINTS LUNAIRES	
P. Q. le 4, à 0 h. 42 m. du soir.	L. B. le 1er, vers 2 h. s.	Conj. le 19, vers 3 h. s.
P. L. le 12, à 11 h. 27 m. du matin.	Eq. L. le 9, vers 2 h. m.	L. B. le 28, vers 11 h. s.
D. Q. le 19, à 11 h. 9 m. du matin.	L. A. le 15, vers 10 h. s.	Conj. le 31, vers 6 h. s.
N. L. le 26, à 9 h. 29 m. du matin.	Eq. L. le 22, vers 7 h. m.	

An 1873 — An LXXXI — CALENDRIER MÉTÉOROL.

CALENDRIER GRÉGORIEN | **CALENDR. RÉPUBLICAIN ET AGENDA AGRICOLE** | J. lunaires | Phases lunaires | Points lunaires et solaires.

JUIN — PRAIRIAL

	Grégorien		Républicain	J.l.	Ph.	Points
1	dim. Pentecôte.	12	duodi. Bétoine.	7		
2	lundi. st Pothin.	13	tridi. Pois.	8		
3	mardi. ste Clotilde.	14	quart. Acacia	9	P. Q.	Périgée.
4	mercr. st Optat.	15	quint. Caille.	10		
5	jeudi. st Genès.	16	sextidi Œillet.	11		Éq. L.
6	vendr. st Claude.	17	septidi Sureau.	12		
7	sam. st Lié.	18	octidi. Pavot.	13		
8	dim. Trinité.	19	nonidi Tilleul.	14		
9	lundi. ste Pélagie.	20	décadi Fourche.	15		
10	mardi. st Landri.	21	prim. Barbeau.	16	P. L.	
11	mercr. st Barnab. ap.	22	duodi. Camomille.	17		
12	jeudi. Fête-Dieu.	23	tridi. Chèvrefeuil.	18		L. A.
13	vendr. st Ant. de P.	24	quart. Caille-lait.	19		
14	sam. st Simplice.	25	quinti. Tanche.	20		Apogée.
15	dim. st Landelin.	26	sextidi Jasmin.	21		
16	lundi. st Fargeau.	27	septidi Verveine.	22		
17	mardi. st Avit.	28	octidi. Thym.	23	D. Q.	
18	mercr. ste Marine.	29	nonidi Pivoine.	24		Éq. L.
19	jeudi. st Gerv., S. Pr.	30	décadi Chariot.	25		

MESSIDOR

20	vendr. st Silvère.	1	prim. Seigle.	26		Solstice
21	sam. st Leufroi.	2	duodi. Avoine.	27		à 9 h.
22	dim. st Paulin.	3	tridi. Oignon.	28		35 m. m.
23	lundi. ste Christine.	4	quart. Véronique.	29		Conjug.
24	mardi. N. de st J.-B.	5	quint. Mulet.	30	N. L.	
25	mercr. st Prosper.	6	sextidi Romarin.	1		L. B.
26	jeudi. st Maxence.	7	septidi Concombre.	2		
27	vendr. st Ladislas.	8	octidi. Echalotte.	3		Conjug.
28	sam. ste Irénée.	9	nonidi Absinthe.	4		
29	dim. st Pierre, st P.	10	décadi Faucille.	5		Périgée.
30	lundi. st Martial.	11	prim. Coriandre.	6		

PHASES LUNAIRES

P. Q. le 3, à 6 h. 29 m. du matin.
P. L. le 10, à 10 h. 44 m. du soir.
D. Q. le 17, à 3 h. 14 m. soir.
N. L. le 24, à 9 h. 24 m.

POINTS LUNAIRES

Éq. L. le 5, vers 11 h. m. — Conjug. le 23, vers 3 h. m.
L. A. le 12, vers 5 h. m. — L. B. le 25, vers 7 h. m.
Éq. L. le 18, vers 1 h. s. — Conjug. le 27, vers 3 h. s.

— 25 —

An 1873 CALENDRIER GRÉGORIEN	An LXXXI CALENDR. RÉPUBLICAIN ET AGENDA AGRICOLE.	J. lunaires	Phases lunaires	CALENDRIER MÉTÉOROL. Points lunaires et solaires.
JUILLET	**MESSIDOR**			
1 mardi st Léonce, év.	12 duodi. Artichaut.	7		
2 mercr. Visit. de la V.	13 tridi. Giroflée.	8	P. Q.	Éq. L.
3 jeudi. st Bertrand.	14 quart. Lavande.	9		
4 vendr. ste Berthe.	15 quint. CHAMOIS.	10		
5 sam. ste Zoé.	16 sextidi Tabac.	11		
6 dim. ste Angèle.	17 septidi Groseille.	12		
7 lundi. st Félix.	18 octidi. Gesse.	13		
8 mardi. st Thibaud.	19 nonidi Cerise.	14		
9 mercr. st Cyrille.	20 DÉCADI PARC.	15		L. A.
10 jeudi. ste Félicité.	21 prim. Menthe.	16	P. L.	
11 vendr. T. de St Benoît	22 duodi. Cumin.	17		Apogée.
12 sam. st Gualbert.	23 tridi. Haricots.	18		
13 dim. st Eugène.	24 quart. Orcanette.	19		
14 lundi. st Bonavent.	25 quint. PINTADE.	20		
15 mardi. st Henri, emp.	26 sextidi Sauge.	21		Éq. L.
16 mercr. st Fulrad.	27 septidi Ail.	22	D. Q.	
17 jeudi. st Alexis.	28 octidi. Vesce.	23		
18 vendr. st Frédéric.	29 nonidi Blé.	24		
19 sam. st Vinc. de P.	30 DÉCADI CHALEMIE.	25		Conjug.
	THERMIDOR			
20 dim. ste Marguerite	1 prim. Épeautre.	26		
21 lundi. st Victor.	2 duodi. Bouillon bl.	27		
22 mardi. ste Madeleine.	3 tridi. Melon.	28		L. B.
23 mercr. st Apollinaire	4 quart. Ivraie.	29		
24 jeudi. ste Christine.	5 quint. BÉLIER.	1	N. L.	
25 vendr. st Jacq. le M.	6 sextidi Prêle.	2		Conjug.
26 sam. st Hyacinthe.	7 septidi Armoise.	3		
27 dim. st Pantaléon.	8 octidi. Carthame.	4		Périgée.
28 lundi. ste Anne.	9 nonidi Mûres.	5		
29 mardi. ste Marthe.	10 DÉCADI ARROSOIR.	6		Éq. L.
30 mercr. st Rufin.	11 prim. Panis.	7		
31 jeudi. st Ig. de Loyola	12 duodi. Salicor.	8		

PHASES LUNAIRES	POINTS LUNAIRES	
P. Q. le 2, à 11 h. 19 m. du soir.	Éq. L. le 2, vers 6 h. s.	L. B. le 22, vers 1 h. s.
P. L. le 10, à 6 h. 43 m. du mat.	L. A. le 9, vers 2 h. s.	Conjug. le 25, vers min.
D. Q. le 16, à 9 h. 7 m. du soir.	Éq. L. le 15, vers 5 h. s.	Éq. L. le 29, vers min.
N. L. le 24, à 10 h. 43 m. du mat.	Conjug. le 19, vers 1 h. s.	

An 1873
CALENDRIER GRÉGORIEN

An LXXXI
CALENDR. RÉPUBLICAIN ET AGENDA AGRICOLE

CALENDRIER MÉTÉOROL.

	Grégorien		Républicain		J. lunaires	Phases lunaires	Points lunaires et solaires
	AOUT		**THERMIDOR**				
1	vendr.	ste Sophie.	13	tridi. Abricot.	9	P. Q.	
2	sam.	st Etienne, p.	14	quart. Basilic.	10		
3	dim.	ste Lydie.	15	quint. Brebis.	11		
4	lundi.	st Dominique	16	sextidi Guimauve.	12		
5	mardi.	st Lucain.	17	septidi Lin.	13		L. A.
6	mercr.	Tr. de N.-S.	18	octidi. Amande.	14		
7	jeudi.	st Gaëtan.	19	nonidi Gentiane.	15		
8	vendr.	st Emilien.	20	DÉCADI ECLUSE.	16	P. L.	Apogée.
9	sam.	st Domitien.	21	prim. Carline.	17		
10	dim.	st Laurent.	22	duodi. Câprier.	18		
11	lundi.	ste Suzanne.	23	tridi. Lentille.	19		
12	mardi.	ste Claire.	24	quart. Aunée.	20		Éq. L.
13	mercr.	st Hippolyte.	25	quint. Loutre.	21		
14	jeudi.	st Eusèbe.	26	sextidi Myrthe.	22		Conjug.
15	vendr.	ASSOMPTION.	27	septidi Colza.	23	D. Q.	
16	sam.	st Roch.	28	octidi Lupin.	24		
17	dim.	st Mammès.	29	nonidi Coton.	25		
18	lundi.	ste Hélène, im.	30	DÉCADI MOULIN.	26		L. B.
				FRUCTIDOR			
19	mardi.	st Louis, év.	1	prim. Prune.	27		
20	mercr.	st Bernard.	2	duodi. Millet.	28		
21	jeudi.	st Privat.	3	tridi. Lycoperde.	29		
22	vendr.	st Symphor.	4	quart. Escourgeon.	30		
23	sam.	st Sidoine.	5	quint. SAUMON.	1	N. L.	Périgée
24	dim.	st Barthélemy	6	sextidi Tubéreuse.	2		Conjug.
25	lundi.	st Louis, roi.	7	septidi Sucrion.	3		
26	mardi.	st Zéphirin.	8	octidi. Apocynée.	4		Éq. L.
27	mercr.	st Césaire.	9	nonidi Réglisse.	5		
28	jeudi.	st Augustin.	10	DÉCADI ECHELLE.	6		
29	vendr.	st Merry.	11	prim. Pastèque.	7		
30	sam.	st Fiacre.	12	duodi. Fenouil.	8		
31	dim.	st Aristide.	13	tridi. Epine-vinet.	9	P. Q.	

PHASES LUNAIRES

P. Q. le 1, à 2 h. 39 m. soir.
P. L. le 8, à 2 h. 1 m. soir.
D. Q. le 15, à 1 h. 50 m. mat.
N. L. le 23, à 1 h. 40 m. mat.
P. Q. le 31, à 3 h. 57 m. mat.

POINTS LUNAIRES

L. A. le 5, vers min. | Conjug. le 24, vers 4 h. m.
Eq. L. le 12, vers min. | Eq. L. le 26, vers 6 h. m.
Conjug. le 14, vers 7 h. m.
L. B. le 18, vers 5 h. s.

An 1873
CALENDRIER GRÉGORIEN

An LXXXI
CALENDR. RÉPUBLICAIN ET AGENDA AGRICOLE

CALENDRIER MÉTÉOROL.

					J. lunaires	Phases lunaires.	Points lunaires et solaires.

SEPTEMBRE / FRUCTIDOR

1	lundi.	st Lazare.	14	quart.	Noix.	10	
2	mardi.	st Just.	15	quint.	TRUITE.	11	L. A.
3	mercr.	st Ambroise.	16	sextidi	Citron.	12	
4	jeudi.	ste Rosalie.	17	septidi	Cardière.	13	
5	vendr.	st Bertin, ab.	18	octidi.	Nerprun.	14	
6	sam.	st Eleuthère.	19	nonidi	Sagette.	15 P. L.	Apogée.
7	dim.	st Cloud.	20	DÉCADI	HOTTE.	16	
8	lundi.	Nat. de la V.	21	prim.	Eglantier.	17	Éq. L.
9	mardi.	st Omer.	22	duodi.	Noisette.	18	Conjug.
10	mercr.	ste Pulchérie.	23	tridi.	Houblon.	19	
11	jeudi.	st Hyacinthe.	24	quart.	Sorgho.	20	
12	vendr.	st Raphaël.	25	quint.	ECREVISSE.	21	
13	sam.	st Maurille.	26	sextidi	Bigarade.	22 D.Q.	L. B.
14	dim.	Ex. de la Cr.	27	septidi	Verge d'or.	23	
15	lundi.	st Nicomède.	28	octidi.	Maïs.	24	
16	mardi.	ste Euphémie	29	nonidi	Marron.	25	
17	mercr.	st Lambert.	30	DÉCADI	CORBEILLE	26	
			Jours complém.				
18	jeudi.	st Ferréal.	1	prim.	De la Vertu.	27	Périgée.
19	vendr.	st Janvier.	2	duodi.	Du Génie.	28	
20	sam.	st Eustache.	3	tridi.	Du Travail.	29	
21	dim.	st Mathieu.	4	quart.	De l'Opinion	30 N. L.	Éq. L. Conj.
22	lundi.	st Maurice.	5	quint.	Des Récomp.	1	Éq. le 22 à 11h.44m.s.
			VENDÉM. (An LXXXII.)				
23	mardi.	st Lin.	1	prim.	Raisin.	2	
24	mercr.	st Gérard.	2	duodi.	Safran.	3	
25	jeudi.	st Firmin.	3	tridi.	Châtaigne.	4	
26	vendr.	st Amance.	4	quart.	Colchique.	5	
27	sam.	st Cosme, st D.	5	quint.	CHEVAL.	6	
28	dim.	st Venceslas.	6	sextidi	Balsamine.	7	
29	lundi.	st Michel.	7	septidi	Carotte.	8 P.Q.	L. A.
30	mardi.	st Jérôme.	8	octidi.	Amaranthe.	9	

PHASES LUNAIRES
P. L. le 6, à 9 h. 48 m. du soir.
D. Q. le 13, à 3 h. 50 m. du soir.
N. L. le 21, à 6 h. 0 m. du soir.
P. Q. le 29, à 3 h. 5 m. du soir.

POINTS LUNAIRES
L. A. le 2, vers 9 h. m. | Éq. L. le 21, vers 11 h. s.
Éq. L. le 8, vers 10 h. m. | Conjug. le 22, vers 9h. m.
Conjug. le 9, vers 6 h. m. | L. A. le 29, vers 4 h. s.
L. B. le 14, vers 11 h. s.

— 28 —

An 1873 CALENDRIER GRÉGORIEN		An LXXXII CALENDR. RÉPUBLICAIN ET AGENDA AGRICOLE		CALENDRIER MÉTÉOROL.		
				J. lunaires	Phases lunaires.	Points lunaires et solaires.
OCTOBRE		**VENDÉMIAIRE**				
1 mercr.	st Remy, év.	9 nonidi	Panais.	10		
2 jeudi.	ss. Anges gar.	10 DÉCADI	CUVE.	11		
3 vendr.	st Denis l'Ar.	11 prim.	Pomme de t.	12		
4 sam.	st Franç. d'As.	12 duodi.	Immortelle.	13		
5 dim.	st Placide.	13 tridi.	Potiron.	14		Apogée.
6 lundi.	st Bruno, ins.	14 quart.	Réséda.	15	P. L.	Éq. L.
7 mardi.	ste Julie.	15 quint.	Ane.	16		
8 mercr.	st Daniel.	16 sextidi	Belle-de-nuit	17		
9 jeudi.	st Denis, év.	17 septidi	Citrouille.	18		
10 vendr.	st Paulin, év.	18 octidi.	Sarrasin.	19		
11 sam.	st Nicaise.	19 nonidi.	Tournesol.	20		
12 dim.	st Wilfrid.	20 DÉCADI	PRESSOIR.	21		L. B.
13 lundi.	st Géraud, c.	21 prim.	Chanvre.	22	D. Q.	
14 mardi.	st Caliste, p.	22 duodi.	Pêche.	23		
15 mercr.	ste Thérèse.	23 tridi.	Navet.	24		
16 jeudi.	st Gal, év.	24 quart.	Amaryllis.	25		
17 vendr.	st Florent.	25 quint.	Bœuf.	26		Périgée.
18 sam.	st Luc, évan.	26 sextidi	Aubergine.	27		
19 dim.	st Savinien.	27 septidi	Piment.	28		Éq. L.
20 lundi.	st Caprais.	28 octidi.	Tomate.	29		
21 mardi.	ste Ursule.	29 nonidi	Orge.	1	N. L.	Conjug.
22 mercr.	st Mellon, év.	30 DÉCADI	TONNEAU.	2		
		BRUMAIRE				
23 jeudi.	st Hilarion.	1 prim.	Pomme.	3		
24 vendr.	st Magloire.	2 duodi.	Céleri.	4		
25 sam.	ss. Crép. etC.	3 tridi.	Poire.	5		
26 dim.	st Evariste.	4 quart.	Betterave.	6		L. A.
27 lundi.	st Frumence,	5 quint.	Oie.	7		
28 mardi.	st Simon.	6 sextidi	Héliotrope.	8		
29 mercr.	st Nicaise.	7 septidi	Figue.	9	P. Q.	
30 jeudi.	st Lucain.	8 octidi.	Scorsonère.	10		
31 vendr.	st Quentin.	9 nonidi	Alizier.	11		Conjug.

PHASES LUNAIRES	POINTS LUNAIRES	
P. L. le 6, à 5 h. 41 m. mat.	Eq. L. le 5, vers 9 h. soir.	L. A. le 26, vers 10 h. s.
D. Q. le 13, à 6 h. 35 m. mat.	L. B. le 12, vers 5 h. du m.	Conj. le 31, vers 3 h. m.
N. L. le 21, à 11 h. 4 m. mat.	Eq. L. le 19, vers 6 h. s.	
P. Q. le 29, à 0 h. 19 m. mat.	Conj. le 21, vers 6 h. du s.	

An 1873 — CALENDRIER GRÉGORIEN | An LXXXII — CALENDR. RÉPUBLICAIN ET AGENDA AGRICOLE | CALENDRIER - MÉTÉOROL.

							J. lunaires	Phases lunaires.	Points lunaires et solaires.
NOVEMBRE			**BRUMAIRE**						
1	sam.	Toussaint.	10	décadi	Charrue.		12		(Apogée.
2	dim.	*Trépassés.*	11	prim.	Salsifis.		13		)Éq. L.
3	lundi.	st Marcel, év.	12	duodi.	Mâcre.		14		
4	mardi.	st Charles, év.	13	tridi.	Topinamb.		15	P. L.	
5	mercr.	ste Bertille.	14	quart.	Endive.		16		
6	jeudi.	st Léonard.	15	quint.	Dindon.		17		
7	vendr.	st Florent.	16	sextidi	Chervis.		18		
8	sam.	stes Reliques.	17	septidi	Cresson.		19		L. B.
9	dim.	st Théodore.	18	octidi.	Dentelaire.		20		
10	lundi.	st Juste.	19	nonidi	Grenade.		21		
11	mardi.	st Martin.	20	décadi	Herse.		22		
12	mercr.	st René.	21	prim.	Bacchante.		23	D. Q.	
13	jeudi.	st Brice.	22	duodi.	Azeroles.		24		Périgée.
14	vendr.	st Rufe.	23	tridi.	Garance.		25		
15	sam.	ste Gertrude.	24	quart.	Orange.		26		Éq. L.
16	dim.	st Eucher.	25	quint.	Faisan.		27		
17	lundi.	st Agnan.	26	sextidi	Pistache.		28		
18	mardi.	st Odon.	27	septidi	Marjonc.		29		
19	mercr.	ste Elisabeth.	28	octidi.	Coing.		30		Conjug.
20	jeudi.	st Edmond.	29	nonidi	Cormier.		1	N. L.	
21	vendr.	Prés. Vierge.	30	décadi	Rouleau.		2		
			FRIMAIRE						
22	sam.	ste Cécile.	1	prim.	Raiponce.		3		L. A.
23	dim.	st Clément.	2	duodi.	Turneps.				
24	lundi.	st Benigne.	3	tridi.	Chicorée.				
25	mardi	ste Catherine.	4	quart.	Nèfle.		4		
26	mercr.	ste Victorine.	5	quint.	Cochon.		7		Conjug.
27	jeudi.	st Maxime.	6	sextidi	Mâche.		8	P. Q.	
28	vendr.	st Sosthène.	7	septidi	Chou-fleur.		9		
29	sam.	st Saturnin.	8	octidi.	Miel.		10		(Apogée.
30	dim.	1er de l'Av.	9	nonidi	Genièvre.		11		)Éq. L.

PHASES LUNAIRES

P. L. le 4, à 3 h. 57 m. du soir.
D. Q. le 12, à 0 h. 57 m. du matin.
N. L. le 20, à 3 h. 46 m. du matin.
P. Q. le 27, à 8 h. 22 m. du matin.

POINTS LUNAIRES

Éq L. le 2, vers 6 h. mat. | L. A. le 23, vers 4 h. Mat.
L. B. le 8, vers 3 h. soir. | Conj. le 25, vers minuit.
Éq. L. le 16, vers 2 h. m. | Éq. L. le 29, vers 3 h. soir.
Conjug. le 19, vers 8 h. s.

— 30 —

An 1873 CALENDRIER GRÉGORIEN		An LXXXII CALENDR. RÉPUBLICAIN ET AGENDA AGRICOLE		J. lunaires	Phases lunaires	CALENDRIER MÉTÉOROL. Points lunaires et solaires.
DÉCEMBRE		**FRIMAIRE**				
1 lundi.	St Éloi, év.	10 DÉCADI	PIOCHE.	12		
2 mardi.	st Franç.-Xav.	11 prim.	Cire.	13		
3 mercr.	st Fulgence, é.	12 duodi.	Raifort.	14		
4 jeudi.	ste Barbe.	13 tridi.	Cèdre.	15	P. L.	
5 vendr.	st Damas.	14 quart.	Sapin.	16		
6 sam.	st Nicolas.	15 quint.	CHEVREUIL.	17		L. B.
7 dim.	st Gerbaud.	16 sextidi	Ajonc.	18		
8 lundi.	CONCEPTION.	17 septidi	Cyprès.	19		
9 mardi.	ste Léocadie.	18 octidi.	Lierre.	20		
10 mercr.	ste Eulalie.	19 nonidi	Sabine.	21		
11 jeudi.	st Damase.	20 DÉCADI	HOYAU.	22	D. Q.	Périgée.
12 vendr.	st Florand, é.	21 prim.	Erable sucr.	23		
13 sam.	ste Lucie.	22 duodi.	Bruyère.	24		Éq. L.
14 dim.	st Nicaise.	23 tridi.	Roseau.	25		
15 lundi.	st Mesmin.	24 quart.	Oseille.	26		
16 mardi.	ste Adélaïde.	25 quint.	GRILLON.	27		
17 mercr.	st Zosyme.	26 sextidi	Pignon.	28		
18 jeudi.	st Gatien.	27 septidi	Liège.	29		Conjug.
19 vendr.	st Timoléon.	28 octidi.	Truffe.	30	N. L.	
20 sam.	st Philogone.	29 nonidi	Olive.	1		L. A.
21 dim.	st Thomas, ap.	30 DÉCADI	PELLE.	2		Solstice (5h.42m.s.)
		NIVOSE				
22 lundi.	st Fabien.	1 prim.	Tourbe.	3		Conjug.
23 mardi.	ste Victoire.	2 duodi.	Houille.	4		
24 mercr.	ste Delphine.	3 tridi.	Bitume.	5		Apogée.
25 jeudi.	NOEL.	4 quart.	Soufre.	6		
26 vendr.	st Etienne, m.	5 quint.	CHIEN.	7	P. Q.	Éq. L.
27 sam.	st Jean, év.	6 sextidi	Lave.	8		
28 dim.	ss. Innocents.	7 septidi	Terre végét.	9		
29 lundi.	ste Eléonore.	8 octidi.	Fumier.	10		
30 mardi.	ste Colombe.	9 nonidi	Salpêtre.	11		
31 mercr.	st Sylvestre.	10 DÉCADI	FLÉAU.	12		

PHASES LUNAIRES	POINTS LUNAIRES	
P. L. le 4, à 4 h. 30 m. du mat.	L. B. le 6, vers 1 h. m.	Conjug. le 22, vers 2 h. s.
D. Q. le 11, à 9 h. 3 m. du soir.	Eq. L. le 13, vers 9 h. m.	Eq. L. le 26, vers 8 h. s.
N. L. le 19, à 5 h. 59 m. du soir.	Conjug. le 18, vers 5 h. m.	
P. Q. le 26, à 4 h. 44 m. du soir.	L. A. le 20, vers 11 h. m.	

Note sur l'agenda agricole qui occupe la 6ᵉ colonne du triple calendrier précédent.

L'*Agenda agricole* est comme la table des matières du cours de physique et d'histoire naturelle, dans ses applications à l'agriculture, que l'instituteur était tenu de faire à ses élèves. Chaque jour du calendrier portait le titre de la leçon, et chaque leçon coïncidait avec l'époque où le laboureur devait faire usage de l'objet dont le nom était inscrit sur ce jour de l'année.

Pendant les jours d'hiver, on ne rencontre dans ce calendrier que l'indication des substances brutes, propres à fertiliser le sol et à construire les habitations, ou des métaux dont la nature est d'un usage ordinaire. Dans les autres mois, le nom des plantes se lit à l'un des jours de l'époque où il importe de les semer ou de les récolter. Le QUINTIDI porte le nom d'un animal à élever ou à détruire; le DÉCADI, celui d'un instrument aratoire ou de ménage.

On comprend l'immense avantage que retirerait l'éducation publique du rétablissement d'un pareil cours dans nos écoles primaires, et si, chaque jour, après l'exercice choral qui devrait ouvrir la séance, l'instituteur commençait par décrire avec méthode et précision l'objet dont le nom se trouve inscrit à la date de cette journée, pour en exposer les caractères, la nature, la composition, les usages pratiques ou les dangers, et pour faire comme toucher du doigt toutes ces indications à ses élèves, en mettant pendant la leçon chaque chose à leur disposition.

L'instituteur aurait soin chaque jour de préparer sa leçon du lendemain, comme s'il retournait lui-même à l'école. Cette tâche lui serait rendue facile dans les communes où le conseil municipal a eu le bon esprit de fonder une bibliothèque, un musée et une exposition publique. Dans les autres communes, la municipalité ne se refuserait pas à voter des fonds pour procurer à l'instituteur communal les quatre ou cinq ouvrages qui lui seraient, pour ce cours, d'une indispensable nécessité.

N° VII.

PRÉVISION DU TEMPS

POUR CHAQUE MOIS DE

L'ANNÉE 1873,

D'APRÈS LES PRINCIPES ÉTABLIS DANS LE

NOUVEAU SYSTÈME DE MÉTÉOROLOGIE ★.

★ Le *Nouveau système de météorologie*, dont la connaissance est indispensable à quiconque s'occupe de cette science, a été développé dans les *Almanachs* des précédentes années, depuis 1865. Nous y renvoyons nos lecteurs.

PRÉVISION DU TEMPS

POUR CHAQUE MOIS DE

L'ANNÉE 1873,

D'APRÈS LES PRINCIPES DU

NOUVEAU SYSTÈME DE MÉTÉOROLOGIE

N. B. L'abaissement de la colonne barométrique amène la pluie et le ciel couvert. Son élévation correspond au beau temps.

JANVIER.

Abaissement de la colonne barométrique et élévation de la température * du 2 au 5, le 8, les 12

* Dans la saison froide, le thermomètre baisse toutes les fois que le ciel se découvre, et monte toutes les fois que le ciel se couvre, parce que les nuages interceptent la température

et 13, les 15 et 16, du 18 au 21, le 22, le 24, les 26 et 27, les 30 et 31.

Élévation de la colonne barométrique et abaissement de la température le 1er, les 6 et 7, du 9 au 11, le 14, le 17, les 25 et 26, le 29.

Tempêtes et hautes marées les 4 et 5, les 15 et 16, du 18 au 20, les 23 et 24, les 27 et 28, les 30 et 31.

FÉVRIER.

Abaissement de la colonne barométrique et élé-

froide qui règne dans les couches supérieures de l'atmosphère; c'est le contraire qui arrive pendant la saison chaude, parce que les nuages interceptent la température chaude qui règne alors dans les couches supérieures de l'atmosphère; or les nuages arrivent quand le baromètre baisse et se dissipent quand il remonte. Cet axiome du *nouveau système de météorologie* explique, en s'y appliquant, pourquoi la neige protége, contre l'accroissement de la gelée, le sol et par conséquent les plantes et les animaux qui en sont recouverts; la surface de la neige étant la première en contact avec l'augmentation du refroidissement par la gelée. Mais cette protection varie, d'un pas à l'autre, selon l'exposition et les accidents du terrain recouvert de neige et selon l'épaisseur de la couche qui le recouvre. Le thermomètre baissera et montera, selon les heures du jour, à mesure que vous le tiendrez plongé sous la couche de neige. N'allez donc pas courir, de place en place, votre thermomètre à la main, pour constater les petites différences de température qui se manifestent de place en place; et laissez ce travail aux besoigneux oisifs de l'Académie des sciences ou à ceux qui aspirent à en être.

vation de la température les 1er et 2, le 4, les 10 et 11, du 13 au 18, le 20, du 24 au 26, le 28.

Élévation de la colonne barométrique et abaissement de la température le 3, du 5 au 9, le 12, le 19, du 21 au 23, le 27.

Tempêtes et fortes marées les 1 et 2, le 4, les 10 et 11, du 13 au 18, le 20, du 24 au 26, le 28.

MARS.

Abaissement de la colonne barométrique et élévation de la température le 1er, le 6, les 9 et 10, du 12 au 13, les 15 et 16, le 21, du 24 au 25, les 27 et 28.

Élévation de la colonne barométrique et abaissement de la température du 2 au 5, les 7 et 8, le 14, du 17 au 20, le 22, du 29 au 31.

Tempêtes et très-fortes marées le 1er, le 10, les 15 et 16, les 24 et 25, les 27 et 28.

AVRIL.

Abaissement de la colonne barométrique et élévation de la température du 5 au 8, du 10 au 12, les 14 et 15, le 19, du 21 au 22, du 24 au 26, le 28.

Élévation de la colonne barométrique et abaissement de la température du 1er au 4, le 9, le 13, du 16 au 19, le 20, le 23, le 27, les 29 et 30.

Tempêtes et fortes marées du 7 au 12, le 14, du 21 au 23, les 24 et 25, le 28.

MAI.

Abaissement de la colonne barométrique et élévation de la température les 3 et 4, du 6 au 9, le 11, le 13, du 16 au 18, du 20 au 22, les 24 et 25, le 27, du 29 au 31.

Élévation de la colonne barométrique et abaissement de la température le 5, du 10 au 12, les 14 et 15, le 19, le 23, le 26, le 28.

Tempêtes et hautes marées les 3 et 4, du 6 au 9, le 11, les 17 et 18, le 27, les 30 et 31.

JUIN.

Abaissement de la colonne barométrique et élévation de la température les 1er et 2, les 4 et 5, les 9 et 10, les 12 et 13, du 15 au 17, le 20, du 22 au 24, du 27 au 30.

Élévation de la colonne barométrique et abaissement de la température le 3, du 6 au 9, du 10 au 12, le 18, du 19 au 22, le 25.

Tempêtes et fortes marées les 1er et 2, les 4 et 5, les 18 et 19, le 23, du 28 au 30.

JUILLET.

Abaissement de la colonne barométrique et élévation de la température les 1er et 2, le 7, du 11 au 16, le 20, le 23, du 25 au 29.

Élévation de la colonne barométrique et abaissement de la température du 3 au 6, du 8 au 10, le 17, du 20 au 22, le 24, les 30 et 31.

Tempêtes et fortes marées les 1er et 2, du 11 au 16, le 20, du 26 au 29.

AOUT.

Abaissement de la colonne barométrique et élévation de la température les 1er et 2, les 6 et 7, du 10 au 15, du 20 au 22, du 24 au 26, le 31.

Élévation de la colonne barométrique et abaissement de la température du 3 au 6, le 9, du 16 au 19, le 23, du 27 au 30.

Tempêtes et hautes marées du 10 au 15, les 21 et 22, du 24 au 26, le 31.

SEPTEMBRE.

Abaissement de la colonne barométrique et élévation de la température du 3 au 6, les 8 et 9, le 14, du 16 au 22, le 26, les 29 et 30.

Élévation de la colonne barométrique et abaissement de la température les 1er et 2, le 7, du 10 au 12, le 15, les 24 et 25, du 27 au 29.

Tempêtes et fortes marées du 7 au 9, les 15 et 16, le 19 et 20, les 22 et 23.

OCTOBRE.

Abaissement de la colonne barométrique et élévation de la température du 1er au 3, le 5, les 7 et 8, du 13 au 14, du 16 au 20, le 22, les 27 et 28, les 30 et 31.

Élévation de la colonne barométrique et abaissement de la température le 6, du 9 au 12, le 17, le 21, du 23 au 26, le 29.

Tempêtes et hautes marées les 1er et 3, le 5, du 17 au 20, le 22, les 27 et 28, les 30 et 31.

NOVEMBRE.

Abaissement de la colonne barométrique et élévation de la température le 1er, les 3 et 4, du 9 au 11, du 13 au 16, le 19, le 21, du 23 au 26, du 28 au 30.

Élévation de la colonne barométrique et abaissement de la température le 5, du 7 au 9, le 12, le 20, les 22 et 23, le 27.

Tempêtes et hautes marées le 1er, les 3 et 4, du 10 au 12, du 14 au 16, le 19, le 21, le 27, les 29 et 30.

DÉCEMBRE.

Abaissement de la colonne barométrique et élévation de la température le 3, le 5, du 7 au 10, les 12 et 13, les 18 et 19, du 21 au 23, du 25 au 27.

Élévation de la colonne barométrique et abaissement de la température les 1er et 2, le 4, le 7, le 11, du 14 au 17, le 20, le 24, du 27 au 31.

Tempêtes et hautes marées du 8 au 10, du 11 au 13, les 18 et 19, du 20 au 23, le 25, le 27.

N° VIII.

PHYSIONOMIE GÉNÉRALE

DE CHAQUE MOIS DE L'ANNÉE 1873,

D'APRÈS LA TABLE DRESSÉE EN 1805

PAR

L'ABBÉ L. COTTE [*]

L'un des météorologues et des philosophes les plus distingués de la fin du XVIIIe et du commencement du XIXe siècle.

---

[*] Grand-Jean de Fouchy, de l'Observatoire de Paris, ayant signalé, en 1764, à l'abbé L. Cotte, les rapports de la période lunaire de dix-neuf ans, avec le retour, an par an, des mêmes phénomènes de température moyenne, ce dernier s'appliqua à vérifier cette donnée sur la série des observations météorologiques que l'Observatoire mit à sa disposition; et il en dressa un tableau pour chaque année, à partir de 1805 jusqu'en 1898 inclusivement. C'est de ce travail que nous avons extrait ce qui concerne l'année 1873.

PHYSIONOMIE GÉNÉRALE

DES MOIS

DE L'ANNÉE 1873,

D'APRÈS LA TABLE DE L'ABBÉ COTTE.

JANVIER.

Température moyenne : froide, humide. — Th. R. max : + 8°, 6 ; th. min. : — 4°, 9. — *Vents dominants* : sud, ouest. — *Jours de pluie* : 11. — *Épaisseur d'eau* : cinquante-trois millimètres.

FÉVRIER.

Température moyenne : froide, humide. — Th. R. max. : + 9°, 4 ; th. min. : — 2°, 8. — *Vents dominants* : nord, est. — *Jours de pluie* : 8. — *Épaisseur d'eau* : vingt-sept millimètres.

MARS.

Température moyenne : froide, assez sèche. — Th. R. max. : 11°, 4 ; th. min. : 1°, 3. — *Vents dominants* : nord-est, sud-ouest. — *Jours de pluie* : 9. — *Épaisseur d'eau* : trente millimètres.

AVRIL.

Température moyenne : variable. — Th. R. max. : + 17°, 7 ; th. min. : — 1°, 1. — *Vent dominant :* nord. — *Jours de pluie :* 12. — *Épaisseur d'eau :* cinquante-quatre millimètres.

MAI.

Température moyenne : froide, humide. — Th. R. max. : + 20°, 9 ; th. min. : + 5°, 6. — *Vents dominants :* sud, ouest. — *Jours de pluie :* 10. — *Épaisseur d'eau :* quarante-six millimètres.

JUIN.

Température moyenne : assez chaude, sèche. — Th. R. max. : + 22°, 0 ; th. min. + 6°, 5. — *Vents dominants :* sud, ouest. — *Jours de pluie :* 17. — *Épaisseur d'eau :* quatre-vingt-six millimètres.

JUILLET.

Température moyenne : très-chaude, très-sèche. — Th. R. max. : + 26°, 3 ; th. min. : + 10°, 4. — *Vent dominant :* nord-ouest. — *Jours de pluie :* 7. — *Épaisseur d'eau :* trente-six millimètres.

AOUT.

Température moyenne : chaude, sèche. — Th. R. max. + 24°, 3 ; th. min. : + 9°, 0. — *Vent dominant :* nord. — *Jours de pluie :* 9. — *Épaisseur d'eau :* quarante-six millimètres.

SEPTEMBRE.

Température moyenne : douce, sèche. — Th. R. max. : + 19°, 5 ; th. min. : — 0°, 0. — *Vents dominants :* sud-ouest, nord-est. — *Jours de pluie :* 9. *Épaisseur d'eau :* soixante-treize millimètres.

OCTOBRE.

Température moyenne : froide, humide. — Th. R. max. : + 16°, 7 ; th. min. : — 1°, 6. — *Vents dominants :* nord-est, sud. — *Jours de pluie :* 13. — *Épaisseur d'eau :* quatre-vingt-neuf millimètres.

NOVEMBRE.

Température moyenne : douce, humide. — Th. R. max : + 11°, 7 ; min. : — 1°, 1. — *Vent dominant :* sud-ouest. — *Jours de pluie :* 12. — *Épaisseur d'eau :* soixante-treize millimètres.

DÉCEMBRE.

Température moyenne : douce, humide. — Th. R. max. : + 9°, 8 ; th. min. : — 2°, 1.— *Vent dominant :* sud-ouest. — *Jours de pluie :* 12. — *Épaisseur d'eau :* quarante-sept millimètres.

N° IX.

OBSERVATIONS

RECUEILLIES A L'OBSERVATOIRE DE PARIS,

PENDANT L'ANNÉE BISSEXTILE * 1816,

ANNÉE QUI, DANS LA PÉRIODE LUNAIRE DE 19 ANS,
CORRESPOND A LA PRÉSENTE ANNÉE 1873.

Il est probable que, pour l'Observatoire de Paris, les phénomènes de l'année 1816 se reproduiront, en l'année 1873, à peu près aux mêmes époques, avec des modifications de localités et de latitudes pour les autres régions de la France, en tenant compte des différences entre les époques des périgées et des apogées des deux années (et de là diffèrent les dates des deux années, une bissextile et l'autre non), ainsi que de l'apparition

---

* L'année solaire, c'est-à-dire le temps que met le soleil à revenir au même point du ciel, étant de 365 jours, plus 6 heures environ, la somme de ces 6 heures forme un jour, à peu de chose près, tous les 4 ans. Les Romains ayant intercalé ce jour à la suite du sixième jour des Calendes (avant les Calendes) de février, qui correspond à notre 24 février, sans intervertir l'ordre des jours suivants, ce mois eut deux fois un sixième jour, d'où le mois fut appelé *bissextilis* (de *bis*, deux fois, et *sextilis*, sixième), ce qui fit prendre à l'année où tombait un pareil mois le même nom de *bissextile*, c'est-à-dire, année distinguée par un pareil mois. Le Calendrier grégorien ayant placé ce jour intercalaire à la fin du mois de février, qui se compose cette année-là de 29 jours, le mot *bissextile* n'a plus de signi-

imprévue d'une comète. Voir le *Traité de météorologie* dans l'*Almanach* de l'année 1867.

L'abaissement de la colonne barométrique étant plus fort à l'époque des périgées qu'à celle des apogées, il résulte que, toutes autres circonstances égales d'ailleurs, le temps sera plus mauvais sous la première que sous la seconde influence. Il suit de là que les périgées et les apogées du Cycle lunaire de dix-neuf ans ne tombant pas les mêmes jours du mois des deux années correspondantes, on devra, sur le calendrier comparatif de l'année 1816, transporter aux jours où tombent les périgées de l'année 1873, les indications de l'aspect du ciel des jours où tombent les périgées de l'année 1816; de même pour les apogées; du reste, ces deux années, ces deux points se rencontrent presque.

Nous en avons eu cette année un exemple frappant; le périgée tombant le 9 janvier 1872, le grand froid s'est porté au milieu de décembre 1871 où arrivait l'apogée.

---

fication propre; si ce n'est en pensant que, chez les peuples qui se servent de la numérotation arabe, le chiffre désignant le nombre de jours de cette année se termine par deux six, 366. Le Calendrier républicain a placé ce jour intercalaire à la fin de l'année; il est ainsi le sixième des jours complémentaires, d'où l'année prend l'épithète de *sextile*, c'est-à-dire année dont les jours complémentaires, ordinairement au nombre de 5, sont cette fois au nombre de 6. L'expression sextile a le mérite de rappeler l'ancienne et d'être exacte et significative en même temps.

Ne perdez donc pas de vue qu'en 1816 l'année était bissextile, tandis que 1873 ne l'est pas; ce qui dans la comparaison vous amène à compter, pour 1816, un jour avant, à partir du 29 février.

Autre point de dérangement à ne pas perdre de vue : de janvier en mars 1816, Pons, à Marseille, a découvert une comète, qui a dû élever la température de ces trois mois, au moins pour cette localité.

OBSERVATOIRE (JANVIER 1816) DE PARIS

J. solaires.	BAROMÈTRE	THERMOMÈTRE		VENTS	ASPECT DU CIEL	PHASES et POINTS lunaires.
		°	°			
1	771,30-768,38	— 2,2	+ 1,2	N E	Nuageux, nuag. beau.	
2	764,60-761,42	— 4,2	— 0,5	N E	Beau, beau, tr.-nuag.	
3	761,32-764,80	— 0,7	— 0,0	O	Nuag., couv., neige.	
4	769,80-769,20	— 2,2	+ 2,2	N O	Couv., lég. é., beau.	Apog.
5	765,24-764,60	+ 2,0	+ 4,2	O	couv., couv., nuag.	Eq. L.
6	762,50-754,60	+ 3,1	+ 7,0	S O	couv., couv., pluie.	
7	754,70-759,72	+ 3,0	+ 6,0	N O	Nuag.,tr.-nuag.,couv.	P. Q.
8	759,08-750,80	+ 2,7	+ 7,5	S O	Couv., couv., pluie.	
9	748,00-752,10	+ 6,5	+10,0	O	couv., très-n., couv.	
10	747,04-751,40	+ 5,5	+ 8,7	O	couv.,p.grés.,p.p.int.	
11	739,60-743,00	+ 6,2	+11,9	O	Pluie, pluie, pluie.	
12	751,06-743,80	+ 4,7	+ 6,6	O	Couv., n., pl. brouil.	L. B.
13	732,19-740,52	+ 1,7	+ 9,7	S. fort.	Pl.abond.,pl.p.int.,p.	P. L.
14	741,32-747,36	— 0,5	+ 3,7	S	Couv., br., c., beau.	
15	747,36-742,40	+ 1,5	+ 5,7	S	Couv., nuag., pl. ah.	
16	747,33-752,20	+ 1,2	+ 5,2	S O	Nuag.,lég.nuag.,p.pl.	Périg.
17	749,28-757,60	+ 2,5	+10,0	S tr.-fort	Pluie, pluie, pluie.	
18	753,36-756,12	— 0,7	+ 3,5	S	Beau, couvert, couv.	
19	757,96-752,30	— 1,2	+ 2,1	S E	Nuag., nuag., couv.	Eq. L.
20	755,24-746,36	— 0,0	+ 3,0	S	Couv.-br.,q. écl., id.	
21	749,32-743,08	+ 1,1	+ 4,0	S S E	Neige, c., quelq. écl.	D. Q.
22	745,40-743,80	+ 3,2	+ 6,7	S	Couvert, pluie, couv.	
23	746,12-743,60	+ 2,7	+ 6,0	S	Couv., couv., nuag.	Conjug.
24	745,54-736,20	+ 1,2	+ 5,2	S E	Br.hum.,pluie, nuag.	
25	740,66-734,78	+ 2,5	+ 6,7	S O	Pluie,quelq.éc.,nuag.	
26	739,70-737,54	+ 1,2	+ 6,7	S O	Gelée bl.,c.,petite pl.	L. A.
27	747,00-751,68	+ 2,0	+ 4,7	O	Couvert, c., gr. et pl.	
28	756,70-763,56	— 1,2	+ 1,1	N	Couv., tr.-nuag., b.	N. L.
29	765,74-768,70	— 4,7	— 1,1	N E	Beau, beau, beau.	Conj.
30	769,22-770,10	— 7,6	— 2,5	E	id., id., id.	
31	768,24-762,30	— 8,0	— 0,0	E	id., id., id.	

Eau tombée, 49ᵐᵐ,00.

PHASES LUNAIRES
P. Q. le 4, à 0 h. 56 m. du soir.
P. L. le 13, à 1 h. 28 m. du soir.
D. Q. le 21, à 8 h. 17 m. du soir.
N. L. le 29, à 9 h. 0 m. du matin.

OBSERVATOIRE (FÉVRIER 1816) DE PARIS

J. solaires.	BAROMÈTRE	THERMOMÈTRE	VENTS	ASPECT DU CIEL	PHASES et POINTS lunaires.
1	759,00-755,60	— 8,5 — 1,5	S E	Lég. nuag., beau, b.	Apog.
2	753,00-749,92	— 0,5 + 5,1	S E	Couv., couv., couv.	Éq. L.
3	749,76-751,60	+ 3,4 + 7,0	S O	Pluie, couv., couv.	
4	750,06-747,40	+ 3,2 + 6,0	S	Br.ép., c., qq. éclaire.	
5	747,68-745,32	+ 2,5 + 7,6	O	Pluie, nuageux, couv.	
6	739,34-734,26	+ 6,2 + 9,2	S O	Couv., pluie, nuag.	P. Q.
7	729,24-734,36	+ 0,2 + 9,2	S O	Couv., pluie, pluie.	
8	737,06-747,66	— 5,7 — 1,0	N E	Neige, tr.-nuag., beau.	
9	747,32-748,80	— 7,7 — 5,5	N E	Nuageux, beau, beau.	L. B.
10	751,06-753,76	— 9,2 — 3,2	E N E	Beau, beau, beau.	
11	755,14-758,30	— 10,7 — 2,7	E	Beau, beau, grésil.	
12	762,64-768,14	— 5,2 + 2,0	N E	Beau, grésil, beau.	
13	768,20-766,54	— 5,2 + 2,5	N E	Beau, nuageux, beau.	P. L.
14	767,10-770,34	— 3,2 + 5,0	N	Beau, couvert, couv.	Périg.
15	769,92-767,12	+ 0,7 + 5,2	O N O	Couv., couv., pl. fine.	
16	762,58-754,88	+ 4,2 + 7,0	O	Couv., couv., couv.	Eq. L.
17	754,74-755,70	+ 0,2 + 4,0	N O	Neige, tr.-nuag., neig.	
18	760,92-755,50	— 1,7 + 2,5	N O	Nuag., couv., neige.	
19	756,62-761,88	+ 3,7 + 7,2	O	Couv., couv., couv.	
20	763,00-764,08	+ 3,7 + 8,5	O	Couv., couv., beau.	D. Q.
21	763,88-765,00	+ 4,7 + 9,9	S O	Couv., couv., couv.	
22	765,30-766,50	+ 2,2 + 10,0	S O	Couv., couv., beau.	L. A.
23	768,00-766,60	— 1,5 + 7,7	N E	Beau, beau, beau.	
24	766,04-766,68	— 2,5 + 8,5	S	Beau, beau, beau.	
25	766,82-763,14	+ 2,7 + 10,3	S O	Nuag., couv., couv.	
26	761,50-764,00	+ 2,0 + 8,2	O	Pluie, tr.-nuag., beau.	
27	761,38-750,92	— 0,5 + 7,2	S O	Beau, pl. et neige, p.	
28	752,00-756,16	— 0,0 + 6,2	N O	Tr.-nuag., gr., beau.	N. L.
29	756,32-757,32	— 2,6 + 2,2	N O	Beau, neige, couvert.	Apog.

Eau tombée, 6mm,0.

PHASES LUNAIRES.
P. Q. le 6, à 1 h. 38 m. du soir.
P. L. le 13, à 0 h. 18 m. du soir.
D. Q. le 20, à 3 h. 50 m. du matin.
N. L. le 29, à 3 h. 40 m. du matin.

OBSERVATOIRE (MARS 1816) DE PARIS

J. solaires.	BAROMÈTRE	THERMOMÈTRE	VENTS	ASPECT DU CIEL	PHASES et POINTS lunaires.
1	757,82-756,96	— 1,7+ 5,0	O	Couv., neige, beau.	Éq. L.
2	753,32-740,90	+ 0,5+ 7,2	S	Neige, couv., pl. fine.	
3	738,30-744,30	+ 4,2+ 8,5	O	Pluie, couv., nuag.	
4	747,20-743,80	+ 4,2+ 8,7	S O fort	Nuageux, tr.-n., couv.	
5	744,00-738.14	+ 3,2+ 8,1	S fort	Pluie, couv., pl. cont.	
6	739,00-741,40	+ 5,3+11,7	S fort	Pluie, couv., pl. cont.	
7	742,30-745,20	+ 3,5+ 9,7	S O	Couv., couv., nuag.	P. Q.
8	743,76-736,58	+ 1,5+ 7,0	S O	Pl., pl. contin., pluie.	L. B.
9	739,00-747,40	+ 2,7+ 5,2	O N O	Pluie, pluie, pluie.	
10	749,50-759,16	+ 0,2+ 3,7	N O	Couv., couv., tr.-n.	
11	763,10-760,70	— 0,7+ 8,5	S	Beau, nuag., couv.	
12	757,98-756,72	+ 7,5+12,9	S O fort	Pluie, couv., couv.	
13	756,21-761,54	+ 8,2+14,1	O	Pluie, nuag., couvert.	P. L.
14	760,28-753,26	+ 7,1+13,1	S	Couv., pluie, couv.	Périg.
15	753,46-757,52	+ 6,0+12,8	S O	A demi-c., tr.-n., b.	Conj.
16	758,58-751,16	+ 3,0+11,5	S O	Tr.-n., tr.-n., pluie.	Éq. L.
17	752,14-755,30	+ 3,1+ 7,5	O N O	Couv., couv., pluie.	
18	753,42-749,64	+ 4,2+ 9,1	O N O	Couv., pluie, nuag.	
19	752,62-753,40	+ 3,2+ 7,7	O N O	Couv., grêle, grêle.	
20	754,68-756,44	+ 4,0+ 7,0	N O	Couv., quelq. écl., c.g.	D. Q.
21	758,28-760,94	+ 3,4+ 8,5	N E	Couv., tr.-n., beau.	
22	760,00-761,22	+ 0,7+10,0	N E	Légers n., nuag., b.	L. A.
23	761,90-764,00	+ 2,6+ 6,9	N E	Couv., couv., couv.	
24	764,74-761,32	+ 2,7+ 7,7	N E	Couv., couv., couv.,	
25	759,00-756,90	+ 4,0+11,0	E	Couv., nuag., beau.	
26	758,92-760,42	+ 2,2+11,5	N E	Gelée blanche, b., b.	Apog.
27	761,36-759,22	+ 1,0+ 9,6	N E	Beau, beau, beau.	N. L.
28	759,06-760,06	— 0,8+ 5,5	N E	Beau, gel., lég. n., b.	
29	761,40-759,96	— 2,0+ 3,5	N E	Beau, nuag., beau.	Éq. L.
30	763,62-762,62	— 1,7+ 6,2	E N E	Beau, beau, beau.	Conj.
31	764,60-762,32	— 3,0+ 7,6	N E	Beau, beau, beau.	

Eau tombée, 43^{mm},7.

PHASES LUNAIRES
P. Q. le 7, à 4 h. 3 m. du matin.
P. L. le 13, à 9 h. 56 m. du soir.
D. Q. le 20, à 5 h. 50 m. du soir.
N. L. le 28, à 9 h. 36 m. du soir.

OBSERVATOIRE (AVRIL 1816) DE PARIS

Jours.	BAROMÈTRE	THERMOMÈTRE	VENTS	ASPECT DU CIEL	PHASES et POINTS lunaires.
1	760,40-755,60	— 0,6+ 8,7	E	Beau, beau, beau.	
2	754,00-751,76	+ 0,5+10,6	E	Nuageux, beau, beau.	
3	751,76-755,18	— 0,7+ 9,3	E	Lég. vap., lég. n., b.	
4	756,42-757,52	— 0,4+12,2	E	Beau, beau, beau.	L. B.
5	757,32-752,24	+ 1,7+16,5	S E	Beau, lég. n., nuag.	P. Q.
6	749,22-745,40	+ 4,2+17,9	O	Nuag. à demi-c., tr.-n.	
7	742,42-740,20	+ 3,7+11,4	O	Pet. pl., tr.-n., tr.-n.	
8	738,76-734,82	+ 3,5+13,0	S O	Couv., couv., pluie.	
9	734,20-737,54	+ 4,3+12,5	S E	Couv., couv., beau.	Conj.
10	739,12-745,20	+ 5,7+12,9	S fort.	Couv., c., b. et pluie.	Périg.
11	744,22-750,54	+ 6,2+11,6	S	Pluie, petite pl., pluie.	Éq. L.
12	751,64-753,64	+ 5,0+14,6	O N O	Nuag., tr.-n., couv.	P. L.
13	753,70-752,02	+ 2,7+ 7,5	N O	Couv., couv., pluie.	
14	749,20-746,04	— 0,5+ 7,0	S	Neige, c., neige ab.	
15	751,80-753,80	— 3,2+ 5,8	O	Beau, grésil, couv.	
16	753,00-749,10	— 0,5+11,2	S O	Nuageux, nuag., beau.	
17	748,70-746,78	— 1,1+15,2	S	Beau, couvert, pluie.	
18	748,70-750,32	+ 6,7+17,2	S O	Couv., tr.-n., tr.-n.	L. A.
19	750,30-762,26	+ 4,0+12,8	N O	Tr.-nuag., t.-n., beau.	
20	763,76-756,74	+ 0,2+14,0	E	B. et gelée bl., b., n.	D. Q.
21	753,40-752,30	+ 7,7+19,2	S	Tr.-n., pl., pl. par int.	
22	752,08-751,44	+12,2+19,0	S	Petite pl., pl., couv.	Apog.
23	752,34-753,76	+11,5+22,5	S E	Nuag., nuag., pet. pl.	
24	751,50-752,50	+11,8+21,7	E	Nuag., lég. vap., beau.	Éq. L.
25	756,32-752,44	+13,0+19,8	N E	Beau, nuageux, beau.	
26	758,22-756,44	+ 8,7+20,4	N E	Beau, tr.-n., tr.-n.	N. L.
27	757,66-755,70	+10,0+19,6	E N E	Nuag., très-n., nuag.	
28	756,24-752,33	+10,5+22,0	E	Beau, nuag., tr.-n.	Conj.
29	751,48-749,00	+10,1+22,9	S	Nuag., quelq. écl., écl.	
30	748,00-750,72	+10,8+20,0	O	C., écl., qq. g. d'eau.	

Eau tombée, 12mm,8.

PHASES LUNAIRES

P. Q. le 4, à 4 h. 32 m. du soir.
P. L. le 12, à 6 h. 52 m. du matin.
D. Q. le 20, à 9 h. 48 m. du matin.
N. L. le 26, à 1 h. 40 m. du soir.

OBSERVATOIRE (MAI 1816) DE PARIS

J. solaires.	BAROMÈTRE	THERMOMÈTRE	VENTS	ASPECT DU CIEL	PHASES et POINTS lunaires.
1	752,36-753,60	+ 8,5+17,4	O	Tr.-n., tr.-n., nuag.	L. B.
2	753,40-759,44	+ 5,7+18,1	N O	Tr.-nuag.,éclairc.,pl.	
3	761,70-763,82	+ 5,0+16,9	O	Nuag.,tr.-n.,qq.g. d'.	
4	762,84-764,38	+11,1+13,5	O	Couv.,tr.-couv.,couv.	
5	762,50-757,30	+ 7,7+13,2	S O	Ciel tr.,pl. fine, couv.	P. Q.
6	757,38-761,10	+ 9,2+11,7	O	Nuag., couv., couv.	
7	760,60-756,74	+ 6,0+17,7	O	Nuag., tr.-n., tr.-n.	
8	754,28-746,54	+ 9,2+16,4	S O	Couv., nuag., pl. ab.	Périg.
9	744,50-752,64	+ 6,5+11,7	O fort.	Pl.,pl.,pluie et grésil.	Éq. L.
10	753,00-744,00	+ 5,0+12,7	S O fort.	Nuag.,pluie cont., pl.	
11	741,86-747,08	+ 5,6+10,7	id.	Tr.-nuag.,pluie,couv.	P. L.
12	743,70-748,64	+ 2,5+11,2	O	Pl.,qq. gouttes d'.,gr.	
13	749,10-754,00	+ 2,6+12,5	O S O	G.b., qq. g.d'.,qq.g.d.	
14	756,14-758,22	+ 3,5+14,8	S O	Beau, couvert, pluie.	
15	758,08-757,42	+ 9,2+18,7	S O	Pluie, couvert, couv.	
16	756,68-753,30	+10,0+22,2	S E	Lég. n., pet. n., tr.-n.	L. A.
17	752,22-750,00	+13,2+24,4	E	Couv., nuag., nuag.,	
18	749,90-752,50	+ 9,7+18,6	N E	Couv., nuag., couv.	
19	752,50-754,00	+ 6,2+16,2	N E	Tr.-n., nuag., beau.	D. Q.
20	754,84-753,74	+ 6,6+20,9	N E	Nuageux, beau, beau.	Apog.
21	754,14-751,30	+10,7+22,5	N E	Tr.-n., nuag., orage.	
22	751,92-750,84	+13,7+21,8	N E	Q. q. écl., pet. pl., or.	Éq. L.
23	751,68-754,60	+14,5+19,5	N E	Tr.-couv., couv., pl.	
24	754,64-756,36	+12,7+18,4	N E	Couvert, couvert, pl.	
25	756,60-758,60	+11,6+20,5	N O	Br. épais,orage,nuag.	
26	760,54-764,64	+ 9,5+15,8	N O	Nuag., nuag., beau.	Conj.
27	762,64-760,90	+ 7,0+18,5	S O	Couv., couv., pluie.	N L.
28	761,70-763,00	+ 8,2+18,0	N E	Nuag., couv., couv.,	L. B.
29	762,14-759,06	+11,0+18,7	N	Couv., nuag., pluie.	
30	759,00-757,42	+ 9,7+15,5	O N O	Pluie, pluie, couvert.	
31	755,40-757,08	+11,0+18,6	N O	Couv., couv., nuag.	Conj.

Eau tombée, 38mm,0.

PHASES LUNAIRES
P. Q. le 5, à 3 h. 18 m. du matin.
P. L. le 11, à 5 h. 27 m. du soir.
D. Q. le 19, à 8 h. 44 m. du matin.
N. L. le 27, à 3 h. 15 m. du matin.

OBSERVATOIRE (JUIN 1816) DE PARIS

J. solaires.	BAROMÈTRE	THERMOMÈTRE	VENTS	ASPECT DU CIEL	PHASES et POINTS lunaires.
1	758,06-761,66	+10,2+19,7	N	Couv., nuag., beau.	
2	761,52-759,66	+10,2+22,5	N O	Couv., nuag., beau.	
3	761,36-759,84	+12,0+21,1	N O	Très-nuag., n., couv.,	P. Q.
4	761,86-759,22	+ 9,5+18,8	N O	Nuag., nuag., nuag.	Périg.
5	758,56-752,26	+10,7+19,1	N O	Nuag., nuag., couv.	Éq. L.
6	751,30-756,50	+ 8,2+13,5	N O	Nuag.,tr.-nuag.,couv.	
7	756,20-752,14	+ 7,7+14,9	O N O	Petite pl.,couv.,pluie.	
8	751,00-748,20	+11,0+16,6	O	couv.,couv., pluie ab.	
9	747,00-744,40	+ 8,0+13,6	O S O	Petite pl., pl., pl. ab.	
10	746,34-755,10	+ 6,2+14,8	N O	Quelq. éclaire., pl., n.	P. L.
11	756,16-760,72	+ 7,5+14,5	N	Pl.ab., pl. et grésil,b.	
12	761,00-762,90	+ 6,5+18,7	N E	Nuag., nuag., beau.	L. A.
13	761,90-759,78	+10,5+25,7	N E	Beau, nuag., tr.-nuag.	
14	758,94-755,72	+13,2+24,2	N E	Nuag., nuag., nuag.	
15	755,54-757,44	+12,8+20,0	N O	Pl., couv., pl. abond.	
16	758,14-759,44	+11,0+17,4	N E	Couv., pl., très-nuag.	
17	760,22-759,00	+ 8,0+16,5	N	Tr.-nuag., tr.-n., n.	D. Q.
18	758,08-759,52	+ 7,0+19,7	N O	Nuag., tr.-nuag., n.	Apog.
19	759,12-761,76	+12,2+19,2	N O	Couv., couv., pluie.	Éq. L.
20	761,96-760,40	+10,5+21,2	N E	Tr.-n., nuag., nuag.	
21	759,96-760,70	+11,7+22,1	N	Couv., nuag., beau.	
22	760,54-758,58	+11,2+21,5	N E	Beau, nuag., nuag.	
23	758,10-755,54	+12,5+25,0	O	Nuag., nuag., couv.	
24	756,16-757,04	+10,7+16,0	O	Nuag., couv., couv.	Conj.
25	757,04-758,50	+11,2+21,1	N O	Nuag.,tr.-n.,lég.nuag.	N. L.
26	757,38-749,70	+ 8,0+22,7	S O	Nuag., couv., pluie.	L. B.
27	747,00-753,50	+11,0+18,5	O	Pluie cont.,pl.,orage.	
28	755,60-760,36	+13,0+15,6	O N O	Couv.,pluiefine,pluie.	Conj.
29	761,28-759,50	+12,8+22,5	E	Couv., quelq. éc., n.	
30	758,50-753,62	+12,2+24,6	S E	Br. épais, couv., couv.	Périg.

Eau tombée, 53mm,7.

PHASES LUNAIRES
P. Q. le 3, à 5 h. 27 m. du matin.
P. L. le 10, à 1 h. 28 m. du matin.
D. Q. le 17, à 7 h. 57 m. du soir.
N. L. le 25, à 2 h. 17 m. du soir.

OBSERVATOIRE (JUILLET 1816) DE PARIS

J. solaires.	BAROMÈTRE	THERMOMÈTRE	VENTS	ASPECT DU CIEL	PHASES et POINTS lunaires.
1	751,50-754,28	+ 10,2 + 16,7	N O	Pluie, pl., tr.-nuag.	Éq. L.
2	755,50-756,86	+ 8,0 + 20,2	O	Nuag., nuag., nuag.	P. Q.
3	754,90-758,16	+ 11,2 + 18,0	O	Pl.ab.q.q.écl.,q.q.éc.	
4	758,56-755,20	+ 9,5 + 19,0	S O	Très-nuag., pl., couv.	
5	753,44-756,84	+ 10,5 + 17,3	O	Pluie ab.,nuag.,beau,	
6	757,96-755,92	+ 8,2 + 22,2	S O	Beau,nuag.,petite pl.	
7	754,56-751,94	+ 13,0 + 22,6	S O	Pluie, couv., pl. ab.	
8	753,14-750,90	+ 11,7 + 21,8	S	Nuag., nuag., pl. fine.	P. L.
9	754,02-751,58	+ 13,7 + 23,0	S E	Pl., tr.-nuag.pl. fine.	L. A.
10	750,40-750,80	+ 11,5 + 28,7	S O	Couv., pet. pl.,orage.	
11	748,92-753,36	+ 12,2 + 19,0	S O	Pluie, couv., couv.	
12	753,10-757,14	+ 11,5 + 19,0	O	Couv., pluie, nuag.	
13	759,00-760,46	+ 10,7 + 19,0	O	Nuag., couv., pluie,	
14	760,06-754,80	+ 10,0 + 21,5	S O	Q.q.écl., couv., couv.	
15	752,00-751,60	+ 13,5 + 19,0	S O	Pluie, pluie ab.,nuag.	Apog.
16	751,80-751,04	+ 11,2 + 17,7	S	Nuag., pl. ab., nuag.	Éq. L.
17	751,64-749,70	+ 10,2 + 18,7	S O	Pluie, couvert, pluie.	D. Q.
18	750,24-752,12	+ 9,5 + 16,8	S O	Couvert, pluie, couv.	
19	752,40-753,42	+ 12,5 + 24,0	S S O	Nuag., tr.-nuag., écl.	Conj.
20	754,32-750,28	+ 15,0 + 28,0	S E	Nuag., nuag., lég. n.,	
21	749,50-756,94	+ 14,5 + 23,2	S fort.	Pluie, nuag., lég. n.	
22	757,80-755,20	+ 12,7 + 21,0	S O	Pl., qq.g. d'eau,couv.	
23	753,20-750,72	+ 13,2 + 19,8	S	Pluie, pluie, pluie.	L. B.
24	752,30-749,76	+ 9,8 + 20,7	S O	Nuag., pluie, orage.	N. L.
25	750,10-755,20	+ 12,2 + 19,0	O S'O	Pluie fine,pluie,couv.	
26	755,94-760,74	+ 12,5 + 18,2	O	Couv., pet. pl., nuag.	Conj.
27	760,90-757,84	+ 9,4 + 21,2	O	Nuag., couv., couv.	Périg.
28	755,78-751,76	+ 12,1 + 19,7	O S O	Pl.fine,couv., pl. fine,	
29	750,28-746,40	+ 10,6 + 14,7	O	Couvert, pluie, nuag.	
30	746,00-748,42	+ 10,0 + 16,5	O	Pl. ab.,pl., quelq. écl.	Éq.L.
31	745,50-741,88	+ 10,2 + 13,8	O	Pluie, pl., pl. par int.	P. Q.

Eau tombée, 96^{mm}, 7.

PHASES LUNAIRES
P. Q. le 2, à 9 h. 37 m. du matin.
P. L. le 9, à 0 h. 31 m. du soir.
D. Q. le 17, à 0 h. 59 m. du matin.
N. L. le 24, à 11 h. 18 m. du soir.
P Q. le 31, à 2 h. 34 m. du soir.

OBSERVATOIRE (AOUT 1816) DE PARIS

J. solaires.	BAROMÈTRE	THERMOMÈTRE	VENTS	ASPECT DU CIEL	Phases et points lunaires
1	748,12-755,75	+ 10,2 + 18,2	O	Tr.-nuag., c.av., nuag.	
2	757,12-758,10	+ 10,6 + 20,5	S O	Couv., pl., pl. par int.	
3	757,10-758,62	+ 9,0 + 20,1	O S O	Nuag., tr.-n., tr.-n.	
4	757,44-753,60	+ 10,2 + 22,1	O	Nuag., couv., pl. ab.	
5	752,20-754,72	+ 12,8 + 22,2	O	Qq. éclaire. pluie, av.	L. A.
6	758,81-761,02	+ 11,2 + 21,2	O	Nuag., nuag., nuag.	
7	761,60-758,34	+ 11,0 + 22,7	S O	Nuag., nuag., beau.	
8	756,46-753,12	+ 11,5 + 26,1	S O	Lég. n., lég. vap., or.	P. L.
9	753,48-756,16	+ 13,7 + 21,0	O	Tr.-n., tr.-n., couv.	
10	758,50-763,80	+ 12,2 + 20,0	N O	Couv., tr.-nuag., n.	
11	765,80-764,42	+ 7,1 + 20,7	S S O	Nuag., nuag., beau.	Apog.
12	764,36-761,44	+ 10,1 + 23,2	S O	Beau, lég. nuag., tr.	Eq. L.
13	760,76-758,00	+ 12,6 + 24,8	S O	Nuag., tr.-nuag., écl.	
14	755,32-751,84	+ 14,2 + 27,8	S O	Br. épais, nuag., écl.	Conj.
15	750,72-751,80	+ 14,7 + 22,6	S O fort	Pl., tr.-nuag., beau.	
16	752,40-755,52	+ 13,1 + 20,5	S O	Pluie, forte av., pl.	D. Q.
17	758,58-756,40	+ 11,5 + 18,0	O	Pluie, fine, couv., pl.	
18	757,94-762,96	+ 11,5 + 16,8	O N O	Couv., couv., couv.	L. B.
19	763,14-764,20	+ 11,0 + 19,5	N O	Couv., nuag, tr.-n.	
20	763,28-760,92	+ 11,0 + 15,3	O	Couv., pl. fine, pl. fine.	
21	761,80-764,04	+ 9,0 + 17,7	N	Nuag., couv., tr.-n.	
22	764,10-762,78	+ 8,5 + 18,6	N	Nuag., couvert, couv.	
23	762,40-761,42	+ 11,5 + 18,2	N O	Tr.-nuag., tr.-n., n.	N. L.
24	762,00-762,82	+ 8,5 + 18,4	N E	Qq. écl., couv., beau.	Périg.
25	762,82-763,82	+ 12,2 + 18,5	N E	Qq. écl., tr.-n., beau.	Conj.
26	763,00-761,68	+ 9,0 + 18,5	N E	Tr.-beau, n., beau.	Eq. L.
27	762,70-761,22	+ 9,5 + 18,2	N E	Tr.-beau, n., beau.	
28	762,14-763,60	+ 8,7 + 19,8	E N E	Tr.-beau, beau, beau.	
29	764,48-761,32	+ 9,2 + 22,1	N E	Lég. n., lég. n., beau.	P. Q.
30	758,90-754,28	+ 10,5 + 17,5	S O	Couv., couv., pluie.	
31	747,00-736,92	+ 11,7 + 14,5	S O	Pluie, pluie, orage.	

Eau tombée, 50mm,7.

PHASES LUNAIRES

P. L. le 8, à 1 h. 28 m. du matin.
D. Q. le 16, à 5 h. 7 m. du matin.
N. L. le 23, à 7 h. 11 m. du matin.
P. Q. le 29, à 9 h. 52 m. du soir.

OBSERVATOIRE (SEPTEMBRE 1816) DE PARIS

J. solaires	BAROMÈTRE	THERMOMÈTRE	VENTS	ASPECT DU CIEL	PHASES et POINTS lunaires
1	748,40-748,12	+ 8,7 + 12,7	O N O	Pluie, pl. contin., pl.	
2	750,12-755,50	+ 6,2 + 11,1	S O	Qq. écl., pluie, pl.	L. A.
3	756,50-754,94	+ 2,7 + 13,5	S	Nuag., pluie, nuag.	
4	753,80-748,50	+ 5,0 + 13,2	S	Qq. écl., pl. ab., pl.	
5	754,02-755,50	+ 5,7 + 14,2	S O	Nuag. à l'h. n., pl. fine	
6	756,96-760,12	+ 7,0 + 17,1	S O	Br. ép., tr.-n., couv.	P. L.
7	758,92-760,08	+ 12,0 + 20,2	S O	Pluie, couv., nuag.	
8	758,10-767,60	+ 14,2 + 20,8	O	Pl. ab., qq. écl., couv.	Apog.
9	757,46-755,10	+ 14,0 + 20,3	S O	Couv., pluie, couv.	Éq. L.
10	755,36-759,10	+ 15,5 + 20,5	S O	Nuag., pluie, pluie.	Conj.
11	758,50-759,74	+ 13,7 + 20,0	O	Nuag., pluie, pluie.	
12	762,32-765,56	+ 9,9 + 17,7	O	Nuag., nuag., tr.-n.	
13	767,28-766,16	+ 8,0 + 21,1	S	Beau, nuag., tr.-n.	D. Q.
14	766,18-764,28	+ 8,5 + 20,2	S E	Beau, beau, beau.	
15	763,76-762,84	+ 9,7 + 21,2	E	Beau, beau, beau.	L. B.
16	762,20-760,24	+ 8,2 + 23,4	S	Beau, beau, beau.	
17	759,88-758,50	+ 11,7 + 24,0	S E	Lég. n., beau, beau.	
18	759,28-760,46	+ 12,5 + 25,0	S	Nuag., lég. nuag., écl.	
19	759,50-760,88	+ 13,7 + 18,7	N E	Tr.-n., couv., couv.	
20	760,12-756,52	+ 11,0 + 18,5	N E	Tr.-nuag., tr.-n., n.	N. L.
21	753,04-751,50	+ 9,7 + 18,6	E	Pl., couv., tr.-couv.	Périg.
22	751,60-753,84	+ 10,7 + 18,8	S	Br. épais, couv., pl.	Éq. L.
23	754,50-755,20	+ 11,7 + 17,2	S E	Pluie ab., pl. nuag.	Conj.
24	754,60-758,90	+ 8,5 + 18,2	S O	Nuag., orage, tr.-n.	
25	760,24-763,80	+ 8,5 + 19,0	S O	Nuag., nuag., nuag.	
26	763,90-765,10	+ 11,0 + 17,0	O	Br. épais, couv., n.	
27	764,50-765,60	+ 10,7 + 16,1	N O	Couv., pluie, nuag.	
28	765,20-763,20	+ 5,5 + 17,6	S O	Nuag., tr.-nuag., pl.	P. Q.
29	760,70-753,64	+ 13,2 + 19,7	S O	Pluie, couv., pluie.	
30	755,88-758,54	+ 9,2 + 16,1	O	Qq. nuag., nuag., n.	L. A.

Eau tombée, 63mm,4.

PHASES LUNAIRES
P. L. le 6, à 4 h. 31 m. du soir.
D. Q. le 14, à 7 h. 36 m. du soir.
N. L. le 21, à 3 h. 12 m. du soir.
P. Q. le 28, à 8 h. 35 m. du matin.

OBSERVATOIRE (OCTOBRE 1816) DE PARIS

J. solaires.	BAROMÈTRE	THERMOMÈTRE	VENTS	ASPECT DU CIEL	PHASES et POINTS lunaires.
1	757,52-754,40	+10,0 +16,0	S O fort	Pluie, couv., pet. pl.	
2	757,08-754,00	+14,7 +18,6	S O fort	Qq. écl., pl., tr.-n.	
3	756,86-759,60	+11,7 +18,1	O	Couv., tr.-n., tr.-n.	
4	758,24-759,76	+ 7,7 +19,6	S	Nuag., n., lég. vap.	
5	759,48-758,16	+ 7,0 +20,1	S	Nuag., n., lég. vap.	Apog.
6	757,94-756,04	+11,5 +21,1	S O	Nuag., lég. nuag., n.	P. L.
7	756,50-757,36	+13,2 +21,5	S	Qq. écl., couv., pl.ab.	Éq. L.
8	759,36-761,00	+13,5 +19,2	S E	Couv., nuag., beau.	
9	760,62-760,00	+10,5 +20,2	S E	Nuag., lég. n., beau.	
10	760,50-762,00	+10,7 +18,7	N E	Beau, beau, couvert.	
11	759,54-760,72	+10,7 +17,2	N E	Pluie, brouill., nuag.	
12	761,56-762,50	+12,5 +16,0	N E	Couv., tr.-n., couv.	L. B.
13	762,70-761,22	+ 8,5 +15,8	E	Beau, pet. n., beau.	
14	762,08-764,60	+ 6,0 +14,7	N O	Brouill. ép., couv., n.	D. Q.
15	765,00-762,88	+ 5,2 +15,1	E N E	Nuag., nuag., beau.	
16	761,38-757,40	+ 4,7 +14,2	S E	Beau, beau, beau.	
17	756,20-755,26	+ 3,5 +16,7	S O	Brouill. ép., couv., pl.	
18	755,70-758,70	+ 5,0 +13,5	S O	Nuag., pet. pl., nuag.	
19	760,66-758,32	+ 4,5 +12,8	O	Nuag., nuag., couv.	Éq. L.
20	752,68-750,60	+ 6,5 +10,6	O S O	Pluie, pluie, couv.	Périg.
21	749,62-751,44	+ 4,2 +10,1	N O	Pluie, couv., pluie.	N. L.
22	753,68-756,10	+ 3,7 +10,6	S O	Tr.-nuag, couv., pl.	Conj.
23	758,08-760,96	+ 1,7 +11,0	N O	Nuag., nuag., beau.	
24	759,14-753,50	+ 0,7 + 9,5	S E	Nuag., couv., couv.	
25	751,40-748,10	+ 5,7 +13,2	S	Nuag., pluie, pluie.	
26	752,62-750,04	+ 7,7 +11,7	S	Couv., couv., nuag.	L. A.
27	749,60-750,32	+ 9,0 +17,1	E S E	Nuag., nuag., couv.	P. Q.
28	749,22-752,04	+ 6,7 +16,2	S E	Pluie, nuag., beau.	
29	751,74-743,96	+ 4,0 +13,7	S E	Beau, beau, couvert.	
30	742,60-739,66	+10,0 +14,6	S S O	Couv., couv., pluie.	
31	744,58-744,58	+ 8,2 +14,2	S O	Pl. fine, couv., couv.	Conj.

Eau tombée, 20^{mm},6.

PHASES LUNAIRES
P. L. le 6, à 0 h. 29 m. du matin.
D. Q. le 14, à 8 h. 45 m. du matin.
N. L. le 21, à 0 h. 6 m. du matin.
P. Q. le 27, à 11 h. 9 m. du soir.

OBSERVATOIRE (NOVEMBRE 1816) DE PARIS

J. solaires.	BAROMÈTRE	THERMOMÈTRE	VENTS	ASPECT DU CIEL	PHASES et POINTS lunaires.
1	742,46-746,16	+ 6,2 +11,2	S	Pluie, pluie, nuag.	Apog.
2	748,00-745,56	+ 5,2 +11,3	S	Tr.-nuag., couv., pl.	Éq. L.
3	746,88-749,40	+ 7,7 +12,7	S	Couv., couv., pl. ab.	
4	749,50-751,16	+ 7,0 + 9,4	E	Brouill. ép., pl., pl.	
5	753,88-751,00	+ 6,2 +11,5	S	Nuag., couv., couv.	P. L.
6	744,62-748,90	+ 7,0 +11,0	S O	Pl. et br. ép., pl., n.	
7	747,50-743,08	+ 2,2 + 8,7	O	Couv., couv., qq. g. d'.	
8	748,32-747,62	− 0,2 + 5,5	S	Nuag., couv., couv.	
9	739,68-738,20	+ 5,6 +10,7	S O fort	Couv., pluie, beau.	L. B.
10	740,16-751,96	+ 0,1 + 7,5	O	Nuag., couv., pluie.	
11	753,50-758,00	+ 0,2 + 3,5	O fort	Neige, beau, pl. et n.	D. Q.
12	743,00-755,60	+ 5,2 + 8,8	O fort	Pluie, pluie, pluie.	
13	757,10-758,10	+ 8,5 +12,5	O	Pl. fine, couv., couv.	
14	755,66-749,84	+ 4,7 +11,8	O N O	Pluie ab., nuag., pl.	
15	749,28-746,46	+ 0,0 + 4,3	O N O	Couv., couv., nuag.	
16	753,14-756,32	− 0,2 + 4,7	N O	Nuag., nuag., grésil.	Éq. L.
17	760,08-762,00	− 0,1 + 4,7	N O	Nuag., nuag., grésil.	Périg.
18	760,38-755,80	− 0,2 + 4,1	S O	Couv., nuag., pl.fine.	
19	756,20-760,50	+ 3,7 + 7,8	O S O	Nuag., pluie, nuag.	N. L.
20	762,34-763,24	+ 3,7 + 8,7	S	Brouill. ép., nuag., n.	Conj.
21	761,66-756,26	− 0,5 + 4,6	E S E	Beau, tr.-n., beau.	
22	753,12-750,04	− 3,0 + 0,8	N E	Couv., nuag., beau.	
23	749,64-752,62	− 6,4 − 2,1	N E	Beau, nuag., nuag.	L. A
24	755,50-758,80	− 6,7 − 0,7	N E	Beau, beau, beau.	
25	759,22-760,64	− 7,1 − 1,1	S E	Beau, beau, couvert.	
26	760,66-762,50	+ 0,2 + 2,5	S	Couv., couv., pluie.	P. Q.
27	757,20-770,46	+ 2,5 + 4,8	N O	Brouill. ép., br., br.	Conj.
28	771,06-770,30	+ 0,5 + 2,5	S E	id., id., id.	
29	771,00-769,76	− 0,7 + 1,2	S E	id., id., id.	Apog.
30	771,14-772,82	+ 1,5 + 5,1	N E	Nuag., nuag., br. ép.	Éq. L

Eau tombée, 41mm,7.

PHASES LUNAIRES
P. L. le 5, à 9 h. 26 m. du matin.
D. Q. le 12, à 7 h. 19 m. du soir.
N. L. le 19, à 10 h. 27 m. du matin.
P. Q. le 26, à 5 h. 15 m. du soir.

OBSERVATOIRE (DÉCEMBRE 1816) DE PARIS.

J. solaires	BAROMÈTRE	THERMOMÈTRE	VENTS	ASPECT DU CIEL	PHASES et POINTS lunaires.
1	773,02-773,72	— 0,1 + 3,0	N E	Beau, beau, tr.-nuag.	
2	771,70-770,00	— 0,7 + 2,7	N E	Couv., couv., neige.	
3	769,64-768,66	+ 4,8 + 4,3	N E	Couv., couv., couv.	
4	768,50-767,02	+ 4,0 + 5,8	N E	Couv., couv., couv.	P. L.
5	764,94-755,62	+ 0,7 + 4,2	S	Couv., couv., couv.	
6	754,62-748,56	+ 4,0 + 7,1	S O	Nuag., couv., couv.	
7	747,76-753,00	+ 2,6 + 6,0	O	Nuag., beau, nuag.	L. B.
8	752,00-755,08	+ 2,5 + 5,7	S	Brouill. ép., pluie, pl.	
9	755,50-750,20	— 0,5 + 2,5	S.S-E	Br. ép., br. dim., b.	
10	749,40-752,77	+ 2,0 + 7,0	O	Pluie, brouill., pluie.	
11	745,58-751,84	+ 3,5 +10,0	S O fort	Pl., pl. et gr., nuag.	
12	756,46-739,10	+ 5,5 +13,1	S fort	Couv., pl. ab., couv.	D. Q.
13	741,20-746,02	+ 5,6 +10,2	O fort	Couv., couv., pluie.	Eq. L.
14	751,50-747,86	+ 3,7 + 5,1	S O	Couv., couv., nuag.	
15	739,90-745,18	+ 5,0 + 9,7	S O	Nuag., nuag., pluie.	Périg.
16	748,16-751,38	+ 2,2 + 6,5	S O	Nuag., nuag., beau.	
17	750,08-745,62	+ 4,2 +11,8	S O	Pl., pl., qq. éclaire.	
18	744,30-747,84	+ 5,0 + 8,8	O	Pl. ab., nuag., pluie.	N. L.
19	757,00-761,00	— 0,7 + 3,5	N O	Nuag., nuag., couv.	Conj.
20	767,14-768,32	— 2,8 — 0,1	N E fort	Beau, petits n., beau.	L. A.
21	765,96-761,88	— 5,6 — 2,5	N E	Beau, petits n., beau.	
22	760,32-763,84	— 8,0 — 4,2	N E	Beau, nuag., beau.	
23	764,88-761,64	—10,0 — 1,2	S O	Lég. nuag., n., neige.	Conj.
24	758,64-756,85	+ 1,7 + 4,7	S O	Couv., couv., pluie.	
25	756,94-755,56	+ 4,0 + 6,2	S O	Pluie, qq. écl., couv.	Eq. L.
26	755,16-752,12	+ 3,9 + 6,0	S O	Pl. fine, couv., couv.	P. Q.
27	751,30-754,32	+ 2,2 + 7,7	S O	Pluie fine, couv. pl.	Apog.
28	761,50-758,00	+ 1,0 + 4,1	S O	Beau, beau, couvert.	
29	753,50-758,80	+ 6,0 +11,2	S O fort	Couv., couv., pl. ab.	
30	759,32-756,14	+ 6,0 + 7,4	S E	Couv., couv., couv.	
31	766,70-755,52	+ 7,7 +10,2	S O	Couv., couv., pluie.	

Eau tombée, 69mm,0

PHASES LUNAIRES
P. L. le 4, à 9 h. 1 m. du soir.
D. Q. le 12, à 4 h. 2 m. du matin.
N. L. le 18, à 10 h. 45 m. du soir.
P. Q. le 26, à 0 h. 2 m. du soir.

N° X.

TABLEAUX

DU LEVER ET DU COUCHER DU SOLEIL ET DE LA LUNE

POUR CHAQUE JOUR

DE

L'ANNÉE 1873 *.

★ Ces tableaux ne s'appliquent qu'à la latitude de Paris. Pour les autres latitudes, il y aurait une petite correction à faire dans le chiffre des minutes, aux lever et coucher du soleil. Mais ces corrections n'ont pas une grande importance pour les usages de la vie civile, et elles nous prendraient un espace que le petit cadre de cette publication ne nous permet pas de leur consacrer.

	JANVIER 1873					FÉVRIER 1873					MARS 1873			
	SOLEIL		LUNE			SOLEIL		LUNE			SOLEIL		LUNE	
Jours du mois.	Lever.	Coucher.	Lever.	Coucher.	Jours du mois.	Lever.	Coucher.	Lever.	Coucher.	Jours du mois.	Lever.	Coucher.	Lever.	Coucher.
	h. m.	h. m.	h. m. matin	h. m. soir.		h. m.	h. m.	h. m. matin	h. m. soir.		h. m.	h. m.	h. m. matin	h. m. soir.
1	7.56	4.12	10. 9	6.51	1	7.33	4.55	9.47	10. 2	1	6.45	5.41	8. 8	8.57
2	7.56	4.13	10.40	8.18	2	7.32	4.57	10. 6	11.21	2	6.43	5.43	8.27	10.17
3	7.56	4.14	11. 5	9.42	3	7.30	4.59	10.26		3	6.41	5.44	8.47	11.35
4	7.56	4.15	11.26	11. 3					matin	4	6.39	5.46	9.11	
5	7.55	4.16	11.44		4	7.29	5. 0	10.47	0.38					matin
			soir.	matin	5	7.27	5. 2	11.11	1.53	5	6.37	5.47	9.39	0.52
6	7.55	4.17	0. 2	0.20	6	7.26	5. 3	11.40	3. 5	6	6.35	5.49	10.13	2. 4
7	7.55	4.18	0.21	1.35				soir.		7	6.33	5.51	10.56	3. 8
8	7.55	4.19	0.42	2.48	7	7.24	5. 5	0.16	4.13	8	6.31	5.52	11.48	4. 2
9	7.54	4.21	1. 7	4. 1	8	7.23	5. 7	1. 2	5.13				soir.	
10	7.54	4.22	1.39	5.12	9	7.21	5. 8	1.57	6. 4	9	6.29	5.54	0.48	4.46
11	7.53	4.23	2.19	6.18	10	7.20	5.10	2.58	6.45	10	6.27	5.55	1.52	5.24
12	7.53	4.25	3. 7	7.16	11	7.18	5.12	4. 3	7.17	11	6.25	5.57	2.59	5.48
13	7.52	4.26	4. 3	8. 5	12	7.16	5.13	5.10	7.42	12	6.23	5.59	4. 7	6.10
14	7.52	4.27	5. 6	8.41	13	7.15	5.15	6.17	8. 3	13	6.21	6. 0	5.15	6.28
15	7.51	4.29	6.12	9.15	14	7.13	5.17	7.24	8.21	14	6.19	6. 1	6.22	6.44
16	7.50	4.30	7.19	9.39	15	7.11	5.18	8.31	8.37	15	6.16	6. 3	7.29	7. 0
17	7.49	4.32	8.26	9.58	16	7. 9	5.20	9.38	8.52	16	6.14	6. 4	8.37	7.16
18	7.49	4.33	9.32	10.15	17	7. 8	5.22	10.46	9. 7	17	6.12	6. 6	9.48	7.33
19	7.48	4.35	10.39	10.31	18	7. 6	5.23	11.58	9.24	18	6.10	6. 7	11. 2	7.51
20	7.47	4.36	11.47	10.46	19	7. 4	5.25		9.44	19	6. 8	6. 9		8.12
21	7.46	4.38		11. 2				matin					matin	
			matin		20	7. 2	5.27	1.13	10. 9	20	6. 6	6.10	0.18	8.40
22	7.45	4.39	0.58	11.20	21	6.59	5.28	2.30	10.42	21	6. 4	6.12	1.32	9.20
23	7.44	4.41	2.12	11.42	22	6.58	5.30	3.45	11.27	22	6. 2	6.13	2.41	11.13
				soir.	23	6.57	5.31	4.52		23	6. 0	6.15	3.39	11.20
24	7.43	4.42	3.30	0.11					soir.					soir.
25	7.42	4.44	4.50	0.50	24	6.55	5.33	5.47	0.28					
26	7.41	4.45	6. 5	1.44	25	6.53	5.35	6.30	1.43	24	5.58	6.16	4.25	0.39
27	7.39	4.47	7. 9	2.54	26	6.51	5.36	7. 2	3. 9	25	5.55	6.18	5. 0	2. 5
28	7.38	4.49	7.59	4.18	27	6.49	5.38	7.27	4.39	26	5.53	6.19	5.27	3.33
29	7.37	4.50	8.37	5.47	28	6.47	5.40	7.48	7.34	27	5.51	6.21	5.48	5. 0
30	7.36	4.52	9. 5	7.15						28	5.49	6.22	6. 9	6.25
31	7.34	4.54	9.27	8.40						29	5.47	6.24	6.29	7.48
										30	5.45	6.25	6.48	9. 9
										31	5.43	6.27	7. 9	10.29

AVRIL 1873 — MAI 1873 — JUIN 1873

Jours du mois	AVRIL SOLEIL Lever	AVRIL SOLEIL Coucher	AVRIL LUNE Lever	AVRIL LUNE Coucher	Jours du mois	MAI SOLEIL Lever	MAI SOLEIL Coucher	MAI LUNE Lever	MAI LUNE Coucher	Jours du mois	JUIN SOLEIL Lever	JUIN SOLEIL Coucher	JUIN LUNE Lever	JUIN LUNE Coucher
	h. m.	h. m.	h. m. matin	h. m. soir.		h. m.	h. m.	h. m. matin	h. m. soir.		h. m.	h. m.	h. m. matin	h. m. matin
1	5.41	6.28	7.36	11.46	1	4.42	7.13	7.26		1	4. 3	7.52	9.25	0.23
2	5.39	6.30	8. 9						matin	2	4. 3	7.53	10.33	0.46
				matin	2	4.41	7.14	8.22	0.39	3	4. 2	7.54	11.40	1. 4
3	5.37	6.31	8.49	0.56	3	4.39	7.16	9.25	1.22					soir.
4	5.34	6.33	9.38	1.57	4	4.37	7.18	10.32	1.55	4	4. 1	7.55	0.47	1.19
5	5.32	6.34	10.36	2.46	5	4.35	7.19	11.40	2.21	5	4. 1	7.56	1.54	1.34
6	5.30	6.36	11.40	3.23				soir.		6	4. 0	7.57	3. 3	1.49
			soir.		6	4.33	7.20	0.48	2.42	7	4. 0	7.58	4.16	2. 4
7	5.28	6.37	0.47	3.52	7	4.32	7.22	1.55	2.59	8	3.59	7.58	5.31	2.22
8	5.26	6.39	1.55	4.16	8	4.31	7.23	3. 2	3.14	9	3.59	7.59	6.48	2.45
9	5.24	6.41	3. 2	4.36	9	4.29	7.24	4.11	3.29	10	3.59	8. 0	8. 6	3.14
10	5.22	6.42	4. 9	4.52	10	4.28	7.25	5.22	3.44	11	3.58	8. 0	9.18	3.54
11	5.20	6.43	5.17	5. 2	11	4.26	7.27	6.35	4. 0	12	3.58	8. 1	10.19	4.48
12	5.18	6.45	6.26	5.21	12	4.25	7.29	7.52	4.20	13	3.58	8. 1	11. 5	5.58
13	5.16	6.46	7.38	5.37	13	4.24	7.30	9.11	4.45	14	3.58	8. 2	11.39	7.18
14	5.14	6.48	8.53	5.55	14	4.22	7.31	10.26	5.17	15	3.58	8. 3		8.43
15	5.12	6.50	10. 9	6.16	15	4.21	7.32	11.32	6. 1				matin	
16	5.10	6.51	11.25	6.43	16	4.19	7.33		7. 0	16	3.58	8. 3	0. 5	10. 7
17	5. 8	6.52		7.19				matin		17	3.58	8. 3	0.26	11.29
			matin		17	4.18	7.35	0.25	8.12					soir.
18	5. 6	6.54	0.35	8. 7	18	4.17	7.36	1. 6	9.33	18	3.58	8. 4	0.44	0.49
19	5. 4	6.55	1.36	9. 9	19	4.16	7.37	1.36	10.56	19	3.58	8. 4	1. 1	2. 7
20	5. 2	6.56	2.26	10.24					soir.	20	3.58	8. 4	1.19	3.25
21	5. 0	6.58	3. 3	11.46	20	4.15	7.39	1.59	0.18	21	3.58	8. 5	1.39	4.43
				soir.	21	4.13	7.40	2.19	1.39	22	3.58	8. 5	2. 3	6. 0
22	4.58	7. 0	3.31	1.10	22	4.12	7.41	2.38	3. 0	23	3.58	8. 5	2.33	7.13
23	4.56	7. 1	3.53	2.34	23	4.11	7.42	2.56	4.20	24	3.59	8. 5	3.11	8.17
24	4.54	7. 2	4.12	3.57	24	4.10	7.43	3.15	5.40	25	3.59	8. 5	3.59	9.10
25	4.52	7. 4	4.31	5.19	25	4. 9	7.44	3.36	6.59	26	3.59	8. 5	4.57	9.52
26	4.50	7. 5	4.50	6.41	26	4. 8	7.46	4. 1	8.16	27	4. 0	8. 5	6. 2	10.24
27	4.49	7. 7	5.11	8. 2	27	4. 7	7.47	4.34	9.27	28	4. 0	8. 5	7.10	10.48
28	4.48	7. 8	5.34	9.22	28	4. 6	7.48	5.16	10.28	29	4. 1	8. 5	8.18	11. 8
29	4.46	7.10	6. 3	10.37	29	4. 6	7.49	6. 9	11.16	30	4. 1	8. 5	9.25	11.25
30	4.44	7.11	6.40	11.44	30	4. 5	7.50	7.10	11.54					
					31	4. 4	7.51	8.16						

Jours du mois.	JUILLET 1873 SOLEIL Lever.	Coucher.	LUNE Lever.	Coucher.	Jours du mois.	AOUT 1873 SOLEIL Lever.	Coucher.	LUNE Lever.	Coucher.	Jours du mois.	SEPTEMBRE 1873 SOLEIL Lever.	Coucher.	LUNE Lever.	Coucher.
	h. m.	h. m.	h. m. matin	h. m. soir.		h. m.	h. m.	h. m. soir.	h. m.		h. m.	h. m.	h. m. soir.	h. m. soir.
1	4. 2	8. 5	10.32	11.40	1	4.34	7.37	0.30	10.47	1	5.17	6.42	3.28	10.57
2	4. 3	8. 4	11.39	11.54	2	4.35	7.36	2. 4	11. 9	2	5.19	6.40	4.31	
3	4. 3	8. 4	soir. 0.46		3	4.37	7.34	3.20	11.38	3	5.20	6.38	5.23	matin 0. 0
4	4. 4	8. 4	1.53	matin 0. 8	4	4.39	7.33	4.36	matin	4	5.21	6.36	6. 4	1.17
5	4. 5	8. 3	3. 8	0.25	5	4.40	7.31	5.46	0.19	5	5.23	6.34	6.30	2.43
6	4. 5	8. 3	4.24	0.46	6	4.41	7.28	6.45	1.14	6	5.24	6.32	6.53	4.13
7	4. 6	8. 2	5.42	1.12	7	4.42	7.27	7.31	2.25	7	5.26	6.29	7.13	5.43
8	4. 7	8. 2	6.58	1.49	8	4.43	7.25	8. 6	3.49	8	5.27	6.27	7.32	7.11
9	4. 8	8. 1	8.33	2.33	9	4.45	7.23	8.32	5.19	9	5.28	6.25	7.51	8.36
10	4. 9	8. 1	8.58	3.37	10	4.46	7.22	8.53	6.48	10	5.30	6.23	8.12	10. 0
11	4.10	8. 0	9.37	4.54	11	4.48	7.20	9.12	8.15	11	5.31	6.21	8.37	11.23
12	4.11	7.59	10. 6	6.20	12	4.50	7.18	9.30	9.39	12	5.33	6.19	9. 8	soir. 0.43
13	4.12	7.59	10.29	7.47	13	4.51	7.16	9.49	11. 1	13	5.34	6.17	9.47	1.56
14	4.13	7.58	10.49	9.13	14	4.52	7.15	10.11	soir. 0.22	14	5.36	6.15	10.36	3.10
15	4.14	7.57	11. 7	10.36	15	4.53	7.13	10.37	1.40	15	5.37	6.13	11.34	3.31
16	4.15	7.56	11.25	11.56	16	4.54	7.11	11.10	2.55	16	5.38	6.11	—	4.31
17	4.16	7.55	11.44	soir. 1.12	17	4.56	7. 9	11.51	4. 4	17	5.40	6. 8	matin 0.38	5. 2
18	4.17	7.54	—	2.33	18	4.57	7. 7	matin	5. 3	18	5.41	6. 6	1.46	5.25
19	4.18	7.53	matin 0. 7	3.49	19	4.59	7. 5	0.42	5.50	19	5.43	6. 4	2.55	5.44
20	4.19	7.52	0.35	5. 2	20	5. 0	7. 3	1.42	6.27	20	5.44	6. 2	4. 3	6. 0
21	4.20	7.51	1.10	6.19	21	5. 2	7. 1	2.48	6.56	21	5.46	6. 0	5.10	6.14
22	4.21	7.50	1.54	7. 5	22	5. 3	7. 1	3.56	7.18	22	5.47	5.58	6.16	6.28
23	4.22	7.49	2.48	7.50	23	5. 4	6.59	5. 4	7.36	23	5.48	5.56	7.22	6.42
24	4.24	7.48	3.51	8.25	24	5. 6	6.57	6.11	7.52	24	5.50	5.53	8.30	6.57
25	4.25	7.47	4.58	8.51	25	5. 7	6.55	7.18	8. 6	25	5.51	5.51	9.41	7.16
26	4.26	7.46	6. 6	9.12	26	5. 9	6.53	8.24	8.21	26	5.53	5.49	10.53	7.39
27	4.27	7.44	7.14	9.30	27	5.10	6.51	9.31	8.35	27	5.54	5.47	soir. 0. 6	8. 8
28	4.29	7.43	8.21	9.46	28	5.11	6.49	10.39	8.51	28	5.56	5.45	1.17	8.49
29	4.30	7.42	9.27	10. 0	29	5.13	6.47	11.50	9.11	29	5.57	5.43	2.22	9.44
30	4.31	7.40	10.33	10.15	30	5.14	6.45	soir. 1. 3	9.36	30	5.59	5.41	3.16	10.53
31	4.33	7.39	11.40	10.30	31	5.16	6.43	2.17	10.10					

OCTOBRE 1873 — NOVEMBRE 1873 — DÉCEMBRE 1873

Jours du mois	SOLEIL Lever	SOLEIL Coucher	LUNE Lever	LUNE Coucher	Jours du mois	SOLEIL Lever	SOLEIL Coucher	LUNE Lever	LUNE Coucher	Jours du mois	SOLEIL Lever	SOLEIL Coucher	LUNE Lever	LUNE Coucher
	h. m.	h. m.	h. m. soir.	h. m. soir.		h. m.	h. m.	h. m. soir.	h. m. matin		h. m.	h. m.	h. m. soir.	h. m. matin
1	6. 0	5.39	3.58	—	1	6.48	4.39	3.37	2. 7	1	7.34	4. 4	2.36	3.57
2	6. 2	5.37	4.30	matin 0.14	2	6.49	4.37	3.55	3.32	2	7.35	4. 4	2.59	5.20
3	6. 3	5.34	4.54	1.40	3	6.51	4.36	4.13	4.57	3	7.36	4. 3	3.28	6.43
4	6. 4	5.32	5.15	3. 8	4	6.53	4.34	4.34	6.22	4	7.37	4. 3	4. 5	8. 3
5	6. 6	5.30	5.34	4.35	5	6.54	4.32	5. 0	7.47	5	7.39	4. 2	4.53	9.16
6	6. 7	5.28	5.52	6. 2	6	6.56	4.30	5.33	9.11	6	7.40	4. 2	5.52	10.15
7	6. 9	5.26	6.12	7.29	7	6.58	4.29	6.15	10.29	7	7.41	4. 2	6.59	11. 0
8	6.10	5.24	6.35	8.55	8	7. 0	4.28	7. 8	11.35 soir.	8	7.42	4. 2	8.10	11.34
9	6.12	5.22	7. 4	10.19	9	7. 1	4.27	8.10	0.27	9	7.43	4. 1	9.21	11.59 soir.
10	6.13	5.20	7.40	11.38 soir.	10	7. 3	4.25	9.18	1. 6	10	7.44	4. 1	10.31	0.18
11	6.15	5.18	8.26	0.48	11	7. 4	4.24	10.28	1.35	11	7.45	4. 1	11.38	0.35
12	6.16	5.16	9.22	1.47	12	7. 5	4.22	11.37	1.57	12	7.46	4. 1	—	0.50
13	6.18	5.14	10.26	2.32	13	7. 7	4.21	—	2.14	13	7.47	4. 1	matin 0.44	1. 3
14	6.20	5.12	11.34	3. 5	14	7. 9	4.20	matin 0.45	2.29	14	7.48	4. 1	1.50	1.17
15	6.21	5.10	—	3.30	15	7.10	4.19	1.52	2.43	15	7.49	4. 2	2.58	1.32
16	6.23	5. 8	matin 0.43	3.50	16	7.12	4.17	2.58	2.57	16	7.50	4. 2	4. 9	1.50
17	6.24	5. 6	1.51	4. 7	17	7.13	4.16	4. 6	3.11	17	7.50	4. 2	5.23	2.12
18	6.26	5. 4	2.58	4.22	18	7.15	4.15	5.16	3.27	18	7.51	4. 2	6.39	2.43
19	6.27	5. 2	4. 5	4.36	19	7.17	4.14	6.29	3.47	19	7.52	4. 3	7.53	3.25
20	6.29	5. 0	5.12	4.49	20	7.18	4.13	7.43	4.12	20	7.52	4. 3	8.59	4.21
21	6.30	4.58	6.20	5. 4	21	7.19	4.12	8.58	4.46	21	7.53	4. 3	9.54	5.30
22	6.32	4.56	7.30	5.21	22	7.21	4.11	10. 9	5.32	22	7.53	4. 4	10.35	6.50
23	6.33	4.55	8.43	5.42	23	7.22	4.10	11.10	6.32	23	7.54	4. 4	11- 6	8.14
24	6.35	4.53	9.57	6.10	24	7.24	4. 9	11.58 soir.	7.45	24	7.54	4. 5	11.30	9.38
25	6.37	4.51	11. 9	6.47	25	7.25	4. 8	0.35	9. 5	25	7.55	4. 6	11.49	11.00
26	6.38	4.49	0.16	7.37	26	7.27	4. 7	1. 3	10.27	26	7.55	4. 6	0. 6 soir.	—
27	6.40	4.47	1.13	8.41	27	7.28	4. 6	1.25	11.50	27	7.55	4. 7	0.23	matin 0.21
28	6.41	4.46	1.58	9.56	28	7.30	4. 6	1.43	—	28	7.56	4. 8	0.41	1.41
29	6.43	4.44	2.32	11.18	29	7.31	4. 5	2. 0	matin 1.12	29	7.56	4. 9	1. 1	3. 2
30	6.45	4.42	2.57	matin	30	7.32	4. 5	2.17	2.35	30	7.56	4.10	1.27	4.24
31	6.46	4.41	3.18	0.42						31	7.56	4.11	2. 0	5.43

N° XI.

CALENDRIER OU ÉPHÉMÉRIDES

DES

HOMMES ET ÉVÉNEMENTS

CÉLÈBRES *.

---

* Le jour où le nom des hommes célèbres est inscrit dans ces *éphémérides*, est le jour de leur mort, celui qui les classe définitivement dans l'estime des hommes. Les noms sont marqués d'un astérisque, quand nous n'avons pu découvrir le jour de leur mort. Les noms d'hommes ou d'événements suivis de trois points d'admiration renversés, sont ainsi notés d'un signe sinistre, ou d'un signe d'infamie jésuitique.

N. B. Ce *Calendrier ou éphémérides des hommes et événements célèbres* a été revu en entier cette année 1873, et augmenté des événements les plus récents de notre histoire, ainsi que du nom des hommes célèbres décédés depuis peu ; il est devenu de la sorte un document indispensable à l'instruction de nos lecteurs et des instituteurs de la jeunesse.

JANVIER.

1 Capitulation de Dantzig violée par les Russes, 1814.
2 Micheli, savant botaniste, 1737. — Feuchères (baronne de), assassin du duc de Condé, 1831. — Victoire du général Faidherbe sur les Prussiens à Béhagnies près Bapaume, 1871. — Lavater, 1801. — Guyton-Morveaux, 1816.
3 Victoire des Français sur les Anglais à Pieros (Espagne), 1809. — Sibour, archevêque de Paris, assassiné par un prêtre, 1857. — Molé (le président), le modèle des magistrats, 1656. — Bombardement de Paris par les Prussiens, 1871. — Victoire du général Faidherbe sur les Prussiens à Bapaume près d'Arras (Pas-de-Calais), 1871.
4 Maréchal de Luxembourg, 1695.
5 Charles le Téméraire, 1477. — Catherine de Médicis, furie papiste sur le trône, 1589. — Attentat de Damiens le jésuite contre Louis XV, 1757.
6 La cour de Mazarin chassée de Paris, 1649.
7 Édit d'Henri IV expulsant du royaume les jésuites, comme corrupteurs de la jeunesse, perturbateurs du repos public, etc., 1595. — Fénélon, 1715.
8 Galilée, 1641. — Suppression en France des corporations religieuses, foyers de conspiration, 1812. — Sablières (Mme de la), protectrice de Lafontaine, 1693.
9 Assassinat juridique d'Arena et Topino-Lebrun, 1801. — Fontenelle, 1757.
10 Linné, 1778. — Latteignant (l'abbé), 1779. — Péronne perd sa devise (*urbs nescia vinci*) et se rend aux Prussiens, après 2 jours de siége, 1871 ¡¡¡
11 Sœur Marthe, 1815. — Alliance de Murat avec l'Autriche, 1814 ¡¡¡ — Victoire de Chanzy, sur les troupes allemandes revenues en force près du Mans (après leur déroute du 21 décembre), 1871. Mais l'arrivée de troupes fraîches (le tout

4.

— 66 —

au nombre de 180,000 hommes), et la poltronnerie de nos mobiles bretons détruisent un aussi beau succès, par la prise inattendue des *Tuilleries*, autrement imprenables.

12 Duc d'Albe, 1582 ¡¡¡ — Victor Noir (funérailles de) assassiné par Pierre Bonaparte, 1870.

13 Victoire navale du vaisseau *les Droits de l'homme* sur les Anglais, 1796. — Suger, 1152. — Sibylle Mérian, 1717. — Ingres, peintre, 1867.

14 Victoire de Bonaparte et Masséna sur les Autrichiens à Rivoli, 1797. — Fra Paolo, 1623. — Mme de Sévigné, 1696. — 2e victoire de Voltaire, pour secourir la famille Sirven acquittée, mais condamnée à la moitié des frais ; cette clause accablante fut biffée : l'État fut condamné à payer la totalité de la somme, 1772.

15 Clément Marot, 1544. — Lenglet-Dufresnoy, 1755.

16 Victoire complète de Soult, à la Corogne, sur les Anglais qu'il poursuivait depuis Madrid l'épée dans les reins, et qu'il refoula dans la mer, 1809. — Patru, avocat libre penseur, 1681.

17 Dagobert, roi des Français, 638. — Vernet (Horace), 1863.

18 Vallisniéri (Ant.), 1730. — Géricault, 1824.

19 Vaucanson, 1782. — Spartacus, soulevant les esclaves, 68 ans avant notre ère *. — Chénier (Marie-Joseph), 1811. — Tropmann, assassin de toute la famille Kinck, 1870. — Beau combat du général Faidherbe contre les Prussiens à Saint-Quentin (Aisne), 1871. — Magnifique attaque de Buzenval et Montretout, honteuse saignée donnée par le général Trochu à la garde nationale ; il sonne la retraite, après avoir passé sa journée au Mont-Valérien, et recueille, en entrant dans Paris, les mêmes malédictions que Bazaine après sa trahison sous les murs de Metz ; Trochu se voit forcé de donner sa démission de président du gouvernement, et ses collègues n'ont pas la pudeur de lui demander sa démission tout entière : leur sanglante et orléaniste

comédie n'était pas encore jouée, et sainte Geneviève de Brabant sauve Trochu de cette marque de flétrissure qui eût sauvé Paris ¡¡¡ 1871.

20 Anne d'Autriche, épouse de Mazarin, 1666 ¡¡¡ — Le père Lachaise, directeur jésuite de Louis XIV, 1709 ¡¡¡ — Garrik, 1779. — Le Pelletier de Saint-Fargeau assassiné par un garde du corps, 1793. — Pythagore, 500 ans avant notre ère ★. — Howard (John), philanthrope anglais, vanté partout comme réformateur des prisons, ce qui n'a rendu la justice moins barbare ni en Angleterre ni en France, 1790.

21 Exécution de Louis XVI, 1793. — Bernardin de Saint-Pierre, 1814. — Piron, 1773. — 1er jour des trois grandes victoires de l'armée des Vosges remportées par Garibaldi sous les murs de Dijon, 1871. 25,000 Français manquant de tout contre 70,000 Prussiens et Poméraniens regorgeant de tout.

22 Voyage de Jules Favre, Thiers et autres pour la plus honteuse des capitulations, qui est signée le 28, 1871 ¡¡¡ — La population de Paris, indignée contre la trahison de Trochu, accourt à l'Hôtel-de-Ville ; et là les Bretons de Trochu, cachés dans les caves, se mettent à faire feu ; de leur côté, une vingtaine d'agents cachés dans un café ripostent, commandés par un agent bien connu d'émeutes ridicules ; aucun de ces agents n'est atteint ; seulement une centaine de passants surpris par la fusillade ; femmes, enfants et vieillards, tombent foudroyés, 1871 ¡¡¡

23 Championnet proclame la république à Naples, 1799. — Épicure, 250 ans avant notre ère ★.

24 Laubardemont, le *nec plus ultra* des accusateurs publics, 1651 ★. — Pitt, ministre anglais, qui ne sut défendre sa cause qu'à l'aide de l'or, 1806. — De Silhouette, 1767. — Chevert (Fr. de), maréchal, 1769.

25 Concordat entre Napoléon et Pie VII, 1813 ¡¡¡

26 Chappe, inventeur du télégraphe, 1806. — Jenner, 1823.

27 Périclès, 419 ans avant notre ère ★. — Servandoni, architecte français, 1766.

28 Charlemagne, 814. — Le czar Pierre le Grand, 1725. —

Honteuse capitulation de Paris, malgré Paris, par le seul Jules Favre, 1871¡¡¡
29 Victoire de Napoléon à Brienne sur les Prussiens, Blücher s'échappant à travers un jardin, 1814. — Bourbaki (le général) abandonne au général Clinchant le soin de jeter dans la Suisse 80,000 Français sans vivres, sans souliers et sans munitions, par suite du traité d'armistice accepté par Jules Favre, 1871.
30 Charles 1er d'Angleterre comparaît devant une cour de justice, 1649. — Ducis, 1816.
31 Réunion du comté de Nice à la France, 1793. — Racine le fils, mort, dit Bachaumont, abruti par le vin et la dévotion, 1763. — Rouget de l'Isle, auteur de la *Marseillaise*, 1836.

FÉVRIER.

1 Rabelais, 1553. — Marmont, duc de Raguse, 1832 ¡¡¡
2 Duquesne, le vainqueur de Ruyter, 1668. — Lulli, compositeur, 1687.
3 Wurmser, forcé de capituler devant le général Bonaparte, évacue Mantoue, 1797.
4 La Convention abolit l'esclavage, 1794. — Lope de Véga, 1638.
5 Aristote, 422 avant notre ère *. — Terrible tremblement de terre en Sicile et en Calabre, 1783.
6 Amyot, 1593. — Priestley, persécuté en Angleterre et acclamé membre de la Convention nationale de la République française, meurt en Amérique, 1804. — La Rochefoucauld, 1680.
7 Lapeyrouse, 1788. — Arrêt du Parlement, par les sourdes menées des jésuites, qui supprime les deux premiers volumes de l'*Encyclopédie*, 1752 ¡¡¡ — Pélisson, 1693.
8 Élection de l'Assemblée nationale, légitimiste, orléaniste et soi-disant républicaine, mais à peu près muette, 1871 ¡¡¡

Victoire de Napoléon sur les Russes à Eylau, 1807. — Lekain, 1778. — Spallanzani (Lazare), 1799.

9 Victoire de Napoléon sur les Russes à la Ferté-sous-Jouarre, 1814. — Exécution de Charles Ier, roi d'Angleterre, 1649. — Agnès Sorel, 1450. — Chancelier d'Aguesseau, 1751. — La Condamine, savant mort en libre penseur, 1774. — Lebrun, peintre, 1690.

10 Victoire de Napoléon sur les Russes à Champaubert, 1814.

11 Victoire de Napoléon sur les Russes à Montmirail, 1814. — Descartes, 1650. — Galland, auteur des *Mille et une nuits*, 1715. — Laharpe (J. F. de), poëte et critique, 1803.

12 Victoire de Napoléon sur les alliés à Château-Thierry, 1814.

13 Assassinat politique du duc de Berry, 1820. — Assassinat juridique de Plaignier et Carboneau, 1815. — Démission dédaigneuse et fière de G. Garibaldi, représentant de trois départements français ; avec une poignée de braves de tous pays, il les a protégés contre les insultes des Prussiens, qu'il a partout mis en fuite ; et cela sans jamais avoir été secouru à temps par le gouvernement français d'alors ; pendant que nos armées étaient livrées tout entières par leurs lâches généraux commandant à Sedan (85,000), à Metz (153,000), et à Porentruy (80,000 perdus de vue par Jules Favre). Honneur à Garibaldi ! honte aux ingrats ! Dôle, Dijon et Autun le couvrent de bénédictions. Sa gloire (et celle-là peut se vanter d'être désintéressée) sa gloire a acquis le droit de fouler aux pieds les malédictions cléricales, 1871 !!!

14 Victoire de Napoléon sur les Prussiens à Vauxchamps, 1814. — Capitaine Cook, 1779.

15 République à Rome, 1798.

16 Victoire de Bonaparte sur les Autrichiens au Tagliamento, 1797. — Fléchier, 1710. — Tartini, célèbre compositeur et violoniste, 1770.

17 Victoire de Ney sur les Austro-Russes à Nangis, 1814. — Molière, 1673. — Michel-Ange Buonarotti, 1564. — Thiers, président de la république, 1871.

18 Victoire de Napoléon sur les Autrichiens à Montereau, 1814. — Luther, 1546. — Marie Stuart, 1564. — Balzac (J.-Louis-Guy de), 1654.
19 Bourdaloue, orateur, 1704. — Victoire des Français sur les Espagnols à Gébora (Espagne), 1811. — Escousse et Lebras, 1832.
20 Tobie Mayer, astronome, 1762. — L'abbé de l'Epée, 1792. — Young (Arthur) agronome, 1820. — Scribe, auteur dramatique, 1861.
21 Héroïque défense de Saragosse par ses habitants, 1809. — Attila, 454.*
22 Le général Boyer culbute les Prussiens et empêche leur jonction avec les Autrichiens, sous les murs de Troyes, 1814. — Ruysch, anatomiste, 1731. — Coustou (G.), statuaire, 1746.
23 Bonaparte est nommé général en chef de l'armée d'Italie, 1796.
24 Glorieux combat naval des Français contre les Anglais dans la rade des Sables, 1809. — Stoflet, chef vendéen, 1796. — Guttemberg (*mieux* Gutenberg) un des inventeur de l'imprimerie, 1468. — Signature honteuse du traité de paix par Jules Favre, Thiers et autres partisans de la paix à tout prix, avec Bismark, 1871 !!!
25 Catinat, 1712. — Charlet, dessinateur, 1846. — Proclamation de la république à Paris, 1848.
26 Départ de l'île d'Elbe, 1815.
27 Pestalozzi, 1827. — Lamennais, 1854.
28 Exécution de l'odieuse reine Brunehaut, 613 !!!

MARS.

1 Napoléon débarque au golfe Juan, 1815. — Olivier de Serres, 1619. — Déchéance du fils de la reine Hortense, frère

utérin de Morny, se donnant le titre usurpé de Napoléon III, prononcée par l'Assemblée de Bordeaux, 1871.

2 Prise d'assaut de Fribourg par les Français, 1798. — Guillaume Tell, 1354. — Pothier le jurisconsulte, 1772. — Nicolas 1er, czar, empoisonné après la prise de Sébastopol, 1855.

3 Glorieuse capitulation de Corfou, défendu pendant quatre mois par 800 Français contre 20,000 Russes, Turcs et Albanais, 1799. — P. Fr. Van Meenen, président de la cour de Cassation en Belgique, mort en libre penseur, 1855. — Algarotti, célèbre littérateur italien, 1764.

4 Manuel est expulsé violemment de la Chambre des députés, pour avoir dit à la tribune que les Bourbons avaient été reçus en France avec répugnance, 1823; ce que, sept ans après, la France entière confirma par leur expulsion définitive. — Sultan Saladin, 1293. — Champollion, 1832.

5 Prise du trois-ponts anglais le *Berwick* par la frégate française l'*Alceste*, 1796. — Défaite des Anglo-Espagnols à Chiclana (Espagne), 1811. — Belloy (P. L. Burette de), auteur du *Siége de Calais*, 1775. — Mobiles de la France congédiés, et très-justement pour le plus grand nombre, 1871.

6 Laplace, astronome, 1827. — Dufour, général en chef de la Confédération Suisse, vainqueur de Sunderbund 1866.

7 Victoire de Napoléon sur les alliés à Craonne, 1814.

8 Sapho réhabilitée, 650 avant notre ère *.

9 Défaite des Anglais par les Français à Berg-op-Zoom, 1814. — Victoire de Napoléon sur les alliés à Laon, 1814. — Assassinat juridique de l'infortuné Calas, 1762 ¡ ¡ ¡ — Mazarin, qui fut roi de France, 1661 ¡ ¡ ¡ — Mariage de Bonaparte avec la veuve du général Beauharnais, née Tascher de la Pagerie, 1796.

10 De Lannoy, grand dénicheur de prétendus saints, 1678.

11 Ordre d'arrêter les Templiers pour le 13, 1307.

12 Aristogiton, 413 avant notre ère★. — Marivaux, père du *marivaudage*, 1763. — Mazzini, grand patriote de l'Italie, 1872.
13 Boileau Despréaux, 1711. — Michel de l'Hospital, 1573. — Empire français, 1804¡¡¡
14 Bataille d'Ivry, 1590. — Exécution de l'amiral anglais Byng, pour s'être laissé battre devant Mahon par le lieutenant-général La Galissonnière, 1757. — Saint-Priest, émigré français au service de la Russie, est tué dans la défaite des Russes à Reims, 1814 ¡¡¡ — Montalembert, orateur français, 1870.
15 César (Jules), 44. — Conspiration d'Amboise, 1559. — Thémistocle, 170 avant notre ère★.
16 Ésope, 560 avant notre ère★. — Ossian, 200★. — Bramante (Le), grand architecte de Rome, 1514.
17 Marc-Aurèle, philosophe sur le trône des Césars, 180.
18 Abdication de Charles IV, roi d'Espagne, 1808 ¡¡¡ — Proclamation de la Commune de Paris; fuite de l'Assemblée à Versailles, œuvre occulte du jésuitisme, le fléau de la France, 1871. — Molai (Jacques de), grand maître des Templiers, brûlé vif par suite des calomnies du roi de France, le féroce et avare Philippe-le-Bel, 1314.
19 Louis XVIII s'enfuit incognito de Paris, 1815. — Les généraux Clément Thomas et Lecomte fusillés à l'instant où ils se préparaient à ordonner l'attaque de Montmartre, 1871.
20 Rentrée triomphale de Napoléon dans Paris, 1815. — Victoire d'Héliopolis (10,000 Français contre 80,000 Turcs), 1800. — Newton, 1727. — Lecouvreur (Adrienne), enterrée, par la rage du clergé, au coin de la rue de Bourgogne, 1730, et le maréchal de Saxe, son ami et obligé, a permis cette infamie ¡¡¡ — Réunion à Versailles de l'Assemblée nationale (dite des ruraux), 1871. — Turgot, 1781.
21 Assassinat juridique du duc d'Enghien par les machinations de Talleyrand, 1804.
22 Première apparition du choléra à Paris, 1832. — Goethe, auteur de *Faust*, 1832.

23 Entrée des Français à Madrid, 1808.
24 Vayringe, mécanicien, 1746.
25 Platon, 318 avant notre ère*.
26 Preter (J. B. de), le médecin le plus désintéressé, le plus ami des pauvres et le plus dévoué à la propagation du système Raspail, mort à Uccle-les-Bruxelles, regretté de tous hors ses parents, 1872.
27 Marguerite de Valois, 1615. — Loi du milliard en faveur des émigrés, 1815 ¡ ¡ ¡ — Callot, célèbre graveur dessinateur, 1635. — Condorcet, grand et libre penseur, 1794.
28 Beethoven, 1827.
29 Gustave, roi de Suède, 1792.
30 Bataille de Paris, bravoure des citoyens, trahison et lâcheté des parvenus, 1814 ¡ ¡ ¡ — Vêpres siciliennes, 1228. — Bridaine (Jacques), illustre missionnaire par tous les moyens, même les arlequinades, 1767.
31 Capitulation de Paris, organisée depuis longtemps par les pères de la foi (jésuites), à l'aide des membres de la société occulte de Saint-Vincent-de-Paul, qui prenaient alors le nom de *verdets* 1814 ¡ ¡ ¡ — François 1er, 1547. — Insurrection des chiffonniers à Paris, 1832.

AVRIL.

1 Prisonniers politiques assassinés à Sainte-Pélagie par une escouade de sergents de ville, 1832.
2 Mirabeau, 1791. — Mariage de Napoléon avec Marie-Louise d'Autriche, 1810 ¡ ¡ ¡
3 Élisabeth, reine d'Angleterre, 1603.
4 Masséna, surnommé *l'enfant chéri de la victoire*, 1817. — Lalande, astronome, 1807. — Léotade (Louis Bonafous), frère ignorantin, condamné aux travaux forcés pour viol et assassinat d'une jeune fille, 1848.

— 74 —

5 Danton et Camille Desmoulins, 1794. — Dumouriez passant à l'ennemi en emportant la caisse de l'armée, de concert avec le jeune duc de Chartres, plus tard Louis-Philippe, 1793¡¡¡

6 Laure (la belle), 1348. — Épictète, 2ᵉ siècle*. — Pichegru, 1804. — Création du comité de salut public, 1793. — Arrestation de l'archevêque Darboy par la Commune (ou plutôt par les jésuites comme excommunié par le pape; voir son oraison funèbre par l'archevêque Guibert, son successeur), 1871.

7 Prise de Mons par les Français, 1691. — Raphaël d'Urbin, 1520. — Colardeau (Ch. P.), 1776.

8 Seconde coalition de toute l'Europe contre la France, 1799.

9 Première victoire de Bonaparte sur les Autrichiens à Montenotte, 1796. — Capitulation, à la Pallu, du duc d'Angoulême qui jure de ne jamais rentrer en France et de faire rendre les diamants de la couronne emportés par Louis XVIII, 1815. — Courier (Paul-Louis), savant spirituel, assassiné par son domestique sur l'ordre des jésuites. Sa femme se réfugia en Suisse, pour échapper à la honte d'une telle complicité, 1825. — Necker, 1804.

10 Victoire des Français (22,000) contre 80,000 Anglais et Espagnols commandés par Wellington, 1815. — Insurrection de Lyon, 1834. — Bacon de Vérulam, 1626. — Gabrielle d'Estrée, empoisonnée, 1599. — Lagrange, illustre géomètre, 1813.

11 Première abdication de Napoléon, 1814. — Victoire de Cassel, 1677. — Messier, astronome, 1817.

12 Édit de Nantes en faveur de la religion réformée, 1598. — Lafontaine (Jean de), 1695.

13 Bossuet, 1704. — Cousin (Jean), peintre et statuaire, 1590. — Rohan (Henri de), 1638.

14 Pompadour (marquise de), 1764¡¡¡ — Victoire de Bonaparte sur les Autrichiens à Millésimo, 1796. — Attaques infructueuses de Nelson, avec toute la flotte anglaise, contre la flottille de Boulogne, 1804. — Massacre de femmes, vieillards et enfants à la rue Transnonain, exploit militaire

de Thiers et Bugeaud, 1834. — Lâche assassinat, par les partisans de l'esclavage, de l'immortel Abraham Lincoln, président des Etats-Unis, ainsi que de son ministre Sewart, 1865¡¡¡

15 Le Tasse, 1592. — Lucile, infortunée épouse de Camille Desmoulins, 1794. — Mme de Maintenon, veuve de Scarron et de Louis XIV, 1719.

16 Coysevox, sculpteur français, 1720. — Morny, frère utérin de Napoléon *dit* III, s'entend avec Jecker pour déclarer la guerre au Mexique, guerre de vol et de brigandage à laquelle la grande voix de l'Amérique du Nord mit fin, 1862-1866. — Buffon, 1788. — Victoire de Bonaparte à Mont-Thabor, 1799.

17 Reconnaissance de la République d'Haïti par la France, 1825. — Franklin, 1790. — Cooper (Fenimore), 1851.

18 Holocauste humain : Urbain Grandier, curé de Loudun, 1634. — Victoire des Français sur les Autrichiens à Neuwied, 1797.

19 Christine, reine de Suède, 1689¡¡¡ — Mélanchthon, 1560. — Byron (G. G. lord), 1824.

20 Kant l'incompréhensible, 1804. — Sacrilége loi contre le sacrilége, 1825¡¡¡

21 Victoire des Français sur les Autrichiens, et prise pour la quatrième fois de Landshut, 1809. — Abailard, 1142.

22 Victoire de Bonaparte à Mondovi, 1796. — Racine, 1699. — Départ des républicains français envoyés par le jésuite Cavaignac, contre la République de Rome, 1849¡¡¡

23 Cervantès, auteur de *Don Quichotte*, 1616. — Shakespeare, 1616. — Premières bouffées de l'éruption du Vésuve; 200 cadavres engloutis dans les laves ; 160,000 habitants forcés de fuir à la hâte à Naples, Capoue et Castellamare, 1872.

24 Caton d'Utique, 48 avant notre ère*. — Fédération des Bretons pour la défense du territoire, 1814. — Ancre (maréchal d'), *Concini*, assassiné, 1617.

25 David Teniers, 1690. — Mercier (L. S.), 1814.

26 Diane de Poitiers, 1556. — Ruyter, 1676. — Victoire de Duquesne sur Ruyter en face de Messine, 1676.

27 Jean Bart, la terreur des marins anglais, 1702.

28 Assassinat des plénipotentiaires français par les Autrichiens, 1799.
29 Victoire des Français sur les Espagnols à Caldiera, 1809.
30 Holocauste humain : le curé Gaufridi brûlé comme sorcier, 1611. — Barthélemy (l'abbé), auteur du *Voyage d'Anacharsis*, 1795. — Marigny (Enguerrand de), pendu à Montfaucon sur l'ordre du féroce et avare Philippe le Bel, 1315.

MAI.

1 Victoire de Bonaparte sur l'Europe coalisée à Lutzen ; mort de Bessières, 1813. — Le diacre Pâris, 1727. — Delille (Jacques), 1813.
2 Inauguration des grands chemins de fer en France, 1843. — Meyerbeer, compositeur, 1864. — Maladie des pommes de terre et autres végétaux par l'influence de l'établissement des chemins de fer, 1843.
3 Benoît XIV, pape philosophe, 1758. — Confucius, 550 avant notre ère★.
4 Assassinat juridique du capitaine Vallée, 1822. — Assassinat juridique de Didier à Grenoble, 1816. — Aldrovande, savant naturaliste, mort à l'hôpital, après avoir donné son musée à son pays, 1605.
5 Napoléon meurt à Sainte-Hélène, lentement empoisonné par la rancune anglaise, 1821 ¡¡¡— Ouverture des états généraux, à Versailles, 1789.
6 Sac de Rome par Charles-Quint, 1527. — Prise de Maëstricht sur les Anglais et Hollandais par les Français, 1748. — Jansenius (C.), évêque d'Ypres, contre les partisans duquel n'ont cessé de s'acharner les boule-dogues du jésuitisme, 1638. — Niepce, pour lequel Daguerre, protégé par Arago, a été un Améric Vespuce, 1851. — Cavaignac, faux républicain pour le compte des jésuites, 1857 ¡¡¡
7 Louvel, 1820. — De Thou, grand historien, 1617.

— 77 —

8 Arrêt du parlement qui condamne la société de Jésus à restituer aux sieurs Léoncy frères et Gouffre, négociants à Marseille, la somme de 1 million 502,276 livres 2 sous et 1 denier, que le jésuite provincial Lavalette leur avait escroquée, et en outre à 50,000 livres de dommages et intérêts, 1761. — Lavoisier, 1794. — Dumont d'Urville dans l'affreuse catastrophe du chemin de fer de Versailles, 1842.

9 Assassinat juridique de Lally-Tollendal, 1766¡¡¡ réhabilité plus tard par les soins de Voltaire.

10 Victoire de Bonaparte au pont de Lodi, 1796. — Assassinat juridique du maréchal de Marillac, 1632. — Labruyère, 1696. — Louis XV, 1774.

11 Henri Estienne, mort à l'hôpital, ruiné et proscrit par les prêtres de son temps, 1598¡¡¡ — Entrée des Français dans Milan, 1796. — Maury (J. S.), qui s'éleva simple abbé et tomba cardinal, 1817.

12 Journée des barricades 1588. — Auber, charmant compositeur, 1871.

13 Vienne occupée pour la seconde fois par les Français, 1809. — Barneveldt, 1619.

14 Henri IV assassiné par les jésuites qu'il avait eu le tort de rappeler, en cédant aux obsessions de son indigne épouse Marie de Médicis, leur complice, 1610. — Chaussée (De la), auteur de drames goûtés du public, 1754. — Restaut le grammairien, 1764. — Casimir Périer, 1832.

15 Première déception de la deuxième République Française; les jésuites s'essayant à la perte de l'institution à laquelle ils avaient tous prêté de chaleureux serments, et préludant à la Saint-Barthélemy de juin, 1848.

16 Les Alpes franchies par les Français dans le dénûment le plus complet, 1800. — Plutarque sous Domitien*.

17 Héloïse, épouse d'Abailard, 1164. — A. C. Clairaut, géomètre, 1765. — États romains annexés d'un trait de plume à la France, 1803. — Maréchal Fabert, 1662. — Dupuytren, grand chirurgien, 1835.

18 Alcée, poëte lyrique, 604 avant notre ère *.

19 Expédition de Bonaparte en Égypte, 1798. — Alcuin, 804.

— Beaumarchais, auteur du *Mariage de Figaro*, 1799.
20 Colomb (Christophe), qui découvrit un nouveau monde et mourut presque dans les fers : C'est ainsi que la royauté paye les services du génie, 1506. — Lafayette, 1834. — Prise de Dantzig par les Français, 1813.
21 Victoire de Napoléon sur l'Europe coalisée à Bautzen, 1813. — Duroc, 1813. — Rentrée des Versaillais à Paris, et commencement du massacre des innocents et des incendies coupables, mais par qui? 1871.
22 Victoire de Napoléon sur les Autrichiens, à Essling; mort de Lannes, 1809. — Constantin, flétri par l'histoire et canonisé par l'Église, 337. — Saigey (Jacques), 1871. (Voyez mon almanach météorologique de 1872, pag. 171.)
23 Holocauste humain : Savonarole brûlé vif, 1498 ¡¡¡ — Prise de Dantzick par le maréchal Lefèvre, 1807. — Le 23 mai, les officiers pointeurs de Versailles ont pris le Val-de-Grâce pour le Panthéon et l'ont, dit-on, criblé d'obus, 1871.
24 Les Anglais s'emparant par trahison, et avec leur or, de la pucelle d'Orléans qu'ils n'avaient jamais pu vaincre par les armes, 1430 ¡¡¡ — Perfidie du commodore Sidney-Smith envers Desaix à l'occasion du traité d'*El-Arich*, 1800. — Copernic, grand astronome, traité d'hérétique par les papes pour avoir dit que la *terre* tourne autour du *soleil*, 1543. — Hahnmann, auteur d'un système de médecine, 1843.
25 Cardinal d'Amboise, 1510. — Babeuf, 1797 ¡¡¡ — Delescluze, homme intègre et de souffrance, qui, se reconnaissant victime d'une erreur, couronna sa longue vie par l'héroïsme de sa mort, 1871.
26 Charles Estienne, mort dans la prison pour dettes, ruiné par la Sorbonne, 1564. — Guillotin, inventeur de la guillotine, 1814 ¡¡¡
27 Exécution de Ravaillac, séide des jésuites, 1610. — Catherine Ire, impératrice de Russie, suspecte d'avoir tué son époux, Pierre le Grand, 1727.
28 Bernard de Menton, 1008. — Grégoire, évêque constitutionnel, 1831. — Arch. Darboy, Bonjean, dominicains, tous excom-

muniés par le pape et par les jésuites, 1871. (Voyez l'*oraison funèbre* de Darboy, par son successeur, l'archevêque Guibert.)

29 Impératrice Joséphine, empoisonnée par la réaction occulte, 1814. — Christophe Ier, roi de Danemark, empoisonné par son évêque, 1259.

30 Rubens, 1640. — Voltaire, victime de sa confiance en son indigne nièce et son plus indigne obligé, le marquis de Villette (voir la *Revue complémentaire des Sciences*, tom. III, p. 127 et l'*almanach météorologique* de 1867), 1778. — Pope, illustre poëte anglais, traducteur de l'*Iliade*, 1744.

31 Holocauste humain : Jeanne d'Arc immolée par la perfidie du haut clergé et surtout de l'archevêque de Beauvais, l'indigne Pierre Cauchon, à la rancune des Anglais, 1431. — Haydn, profond compositeur, 1809.

JUIN.

1 Holocauste humain : Jérôme de Prague, brûlé vif par le clergé catholique, 1416. — Sublime dévouement du vaisseau le *Vengeur*, 1794.

2 Lallemand, assassiné par un soldat royal, 1820.

3 Première victoire de Turenne à Rottweil, 1644. — Socrate 399 avant notre ère. — Cherubini, compositeur, 1842.

4 Le général Lamarque ; formidable insurrection de Paris, provoquée par le jésuite G. Cavaignac et sa bande qui s'éclipsèrent à Versailles, pendant que des malheureux abusés se faisaient héroïquement massacrer au cloître Saint-Merry ¦¦ 1832. — Victoire de Kléber à Altenkirchen, 1796. — Belsunce, 1755.

5 Première ascension des montgolfières à Annonay (Ardèche), 1783. — Weber, compositeur, 1826.

6 Victoire navale de l'amiral français d'Estaing sur l'amiral anglais Byron, 1779. — Siége du cloître Saint-Merry, 1832 ¦¦

pendant que Judas G. Cavaignac se promenait sous nos fenêtres de la prison de Versailles. — Mlle de La Vallière, 1710.

7 Fête de l'Être suprême, 1794. — Arius, évêque, empoisonné par les fanatiques du temps, au moment où, suivi de la foule des évêques et des chrétiens attachés à ses doctrines, il se rendait en triomphe à son église, 336*.

8 Mahomet, 632. — Kouli-Khan, 1747. — Émeutes et assassinats juridiques à Lyon, 1817.

9 Victoire navale des Français, sous les ordres de La Galissonnière, sur les Anglais, sous les ordres de l'amiral Byng, devant Mahon, 1756. — Victoire de Lannes sur les Autrichiens à Montebello, 1800.

10 Prise de Malte par Bonaparte et abolition de l'ordre, 1798.

11 Excommunication ridicule de Napoléon par Pie VII, son prisonnier, 1809. — Dumarsais, 1756. — L'Émile de J.-J. Rousseau brûlé par la main du bourreau, à Paris, 1762 !!!

12 Victoire décisive de Napoléon à Friedland, 1807.

13 Kléber, assassiné, 1799. — Panard, le père du vaudeville, 1765.

14 Victoire de Bonaparte, premier consul, sur les Autrichiens à Marengo ; mort de Desaix sur le champ de bataille, 1799.

15 Las Casas, 1566*.

16 Victoire décisive de Napoléon et déroute complète des Prussiens à Fleurus ; 59,000 Français contre 80,000 Prussiens, 1815.

17 Victoire de la Trebbia, 1799. — Gresset, auteur du *Vert-Vert*, 1777. — Crébillon, le tragique, 1762.

18 Waterloo, 1815 !!! Wellington sauvé d'une ruine complète, à la faveur de la trahison organisée par l'association occulte des pères de la foi (jésuites) dans l'état-major français (l'or des Anglais n'est pas une chimère) ; — Victoire de Jeanne d'Arc sur les meilleurs capitaines anglais à Patay, 1429. — Assassinat juridique du savant Romme, 1795. — Lord Raglan, général en chef de l'armée anglaise, meurt dans son lit, au siège de Sébastopol ; obstacle plutôt qu'auxiliaire de l'armée française, 1855. — Gall (Dr), fondateur de la *Cranioscopie*, 1828.

19 Victoire de Moreau sur les Autrichiens à Hochstedt, 1800.
20 Serment du jeu de paume, 1789!!! — Vicq d'Azyr, anatomiste et physiologiste, 1794.
21 Arrestation de Louis XVI et sa famille à Varennes, 1791.— Quiberon; les émigrés abandonnés par le comte d'Artois, plus tard Charles X, et les Anglais, 1795. — Jean Liébault, un des deux auteurs de la *Maison rustique*, mort dans la misère et, d'après le *journal de l'Estoile*, sur le coin de la borne de la rue Gervais-Laurent, 1596.
22 Charles le Téméraire, vaincu à Morat par une poignée de Suisses, 1476. — Machiavel, 1517.
23 Jours néfastes de la deuxième République Française; nouvelle Saint-Barthélemy, nombre d'or des férocités jésuitiques, 1848. — Garnier-Pagès le 1er (ne confondez pas avec celui des 45 centimes et qui a pris part à ce massacre), 1841.
24 Passage du Niémen par la grande armée, 1812. — Peiresc, savant universel, 1637.
25 Armand Carrel, 1836. — Défaite des Anglais et Espagnols à Tolosa, 1813. — Georges Cadoudal, 1804.
26 Massacres atroces des libéraux par les royalistes de Marseille, 1815 !!! — Victoire de l'armée républicaine sur les Prussiens à Fleurus, 1794.
27 Tourville détruit la flotte anglaise et hollandaise près du cap Saint-Vincent, 1693. — La Tour d'Auvergne, surnommé le *premier grenadier français*, 1800. — Linguet, orateur et écrivain, victime du despotisme, 1794. — Prise de Wilna, 1812. — Réunion des trois ordres à l'Assemblée nationale, 1789. — Chaulieu, poëte épicurien, 1720. — Marlborough, foudre de guerre anglais, mort imbécile, 1722. — Rotrou, père de la tragédie, mort victime de son dévouement en temps de peste, 1650. — Chateaubriand, auteur du *Génie du Christianisme* et d'*Atala*, 1848.
28 Les Français s'emparent de Tarragone (Espagne), 1811.
29 Napoléon quitte Paris pour la dernière fois, 1815.
30 Henriette d'Angleterre, empoisonnée par les mignons de son époux, le duc d'Anjou, 1670. — Gros, peintre d'histoire, 1835.

JUILLET.

1 Plantin (Christophe), imprimeur à Anvers, 1589. — Première victoire des Français à Fleurus sur les Anglais et Allemands, 1690. — Barre (chevalier de la), torturé et brûlé vif, avec son ami le fils du président d'Étallonde, à l'âge de 17 et 18 ans, comme coupable d'avoir jeté une boulette de mie de pain au nez d'un magot de sainte Vierge en plâtre, pour complaire à la férocité catholique de l'évêque d'Abbeville¡¡¡ 1766. — Cathelineau le grand père, 1793. — Abdication de Louis, roi de Hollande, 1810.

2 Victoire des Français sur les Anglais et Hollandais à Lawfeldt (50,000 Français contre 80,000 alliés), 1747. — Naufrage de la *Méduse*, 1816. — Olivier de Serres, 1619.

3 Rousseau (J.-J.), assassiné d'un coup de marteau ou autre instrument contondant. Son masque en plâtre, par Houdon, que je possède, en offre la preuve évidente : un coup de pistolet ne produit rien d'analogue à la perforation dont on voit la trace au milieu du front. D'après le rapport de Houdon, la profondeur de cette perforation ne s'étendait pas très-loin ; il lui fallut employer une assez forte masse de coton pour la combler et l'effacer en partie pour le moulage, 1778. — Victoire des Français sur les Autrichiens à Wagram, 1807. — Marie de Médicis, répudiée par son fils comme ayant été la complice de la mort d'Henri IV, 1613. — Victoire des Prussiens sur l'impéritie du général autrichien, à Sadowa, 1866.

4 Jefferson, président des États-Unis, 1806. — Barberousse, roi d'Alger, 1546. — Prise d'Alexandrie par Bonaparte, 1798.

5 Prise d'Alger par les Français, 1830.

6 Victoire navale des Français en face d'Algésiras : six vaisseaux anglais et une frégate mis en déroute par trois vais-

seaux français, sous les ordres de l'amiral Linois. Le même jour, le vaisseau français le *Formidable*, aux prises avec trois vaisseaux anglais, en met un en fuite et en ramène deux triomphalement à Cadix, 1801. — Huss (Jean), condamné à Constance, par les pères indignes du concile catholique de Constance, 1415 ¡¡¡ — More (Thomas), auteur de *l'Utopie* et mort victime du tueur anglais Henri VIII.

7 Traité de Tilsitt, 1811. — Entrée des alliés à Paris, à la faveur de la trahison organisée par les pères de la foi (jésuites) parmi les royalistes, 1815.

8 Bataille de Pultava, 1709. — Huygens, savant astronome 1695.

9 Brutus et Cassius, 42 avant notre ère*.—Mézeray, historien, 1683.

10 René, roi de Provence, 1480. — Henri II, roi de France, 1559.

11 Anacréon, 467 ans avant notre ère *.

12 Gerson (Jean Charlier, *dit*), défenseur des libertés gallicanes, mais féroce brûleur du noble défenseur de sa foi Jean Huss, au concile cannibale de Constance, 1429. — Erasme, frondeur et libre penseur, 1576. — La Chalotais, intrépide accusateur des jésuites, 1785. — Picard (Jean), grand astronome, 1682, ou 1683 et même 1684.

13 Marat, assassiné par Charlotte Corday, séide des jésuites, 1793. — Duguesclin, 1380. — Duc d'Orléans, non pleuré par son père, Louis-Philippe, 1842.

14 Prise de la Bastille, ère de l'affranchissement des Français, 1789 !!!

15 Sacrifice humain : Jean Huss immolé sur un bûcher par le clergé catholique du concile de Constance ¡¡¡ 1415. — Déclaration insensée de guerre à la Prusse, de la part du prétendu neveu de Napoléon le Grand, 1870 ¡¡

16 Masaniello (Thomas Aniello, plus connu sous le nom de), maître souverain de Naples, mort empoisonné, 1647. — Charlotte Corday, assassin de Marat, 1793. — Hégyre, ère des mahométans, 622. — Béranger (P. J. de), immortel chansonnier, mort entouré de médecins inhabiles et du rebut du

libéralisme; puis conduit au tombeau par des régiments qui menaçaient la douleur publique accourue de toutes parts aux obsèques de ce libre penseur, 1857. (Ses vrais amis le pleuraient dans l'exil, en Belgique.)

17 Arteveld (Jacques d'), 1345.

18 Godefroy de Bouillon, 1100. — Pétrarque, 1374. — Juarez (Benito), président de la république du Mexique, 1872.

19 Trahison de Baylen ¡¡¡ Violation de la capitulation par les Anglais, inhumanité britannique envers les prisonniers, 1808.

20 Talbot, surnommé l'*Achille anglais*, 1453. — Abolition de l'ordre des jésuites par le pape Clément XIV, 1773. — Bichat, 1802.

21 Victoire remportée par Louis IX à Taillebourg sur Henri III, roi d'Angleterre, et le comte de la Marche, 1242. — Victoire de Bonaparte aux Pyramides, 1798.

22 Duc de Reichstadt, ex-roi de Rome, immolé à la politique de la Sainte-Alliance par les jésuites et le complet oubli de sa mère autrichienne, 1832.

23 Ménage, 1602. — Valmore (Mme Desbordes-), 1859.

24 Horrible assassinat du maréchal Brune par les royalistes, sur les ordres de la société occulte des jésuites, à Avignon, 1815. — Echec de Nelson et de la flotte anglaise devant Ténériffe, 1797. — Geoffroy Saint-Hilaire, naturaliste, 1844.

25 Insolentes ordonnances de Charles X, sous les ordres des jésuites, 1830. — Victoire des Français à Denain, sous les ordres de Villars, qui vengea ainsi sa retraite de Malplaquet, 1712. — Chénier (André), 1794 ¡¡¡

26 Réponse du peuple soulevé, à la provocation antinationale du dernier roi de France et de Navarre, 1830.

27 Turenne, 1675. — Journée dite *du 9 thermidor*, 1794. — L'*Emile* de J.-J. Rousseau, brûlé par la main du bourreau à Genève, alors digne émule de Rome, 1762 (voir 11 juin) ¡¡¡ — Bouchardon, sculpteur, 1762. — Julien, dit l'Apostat par les fanatiques et proclamé par l'histoire le César philosophe, 363. — Maupertuis, grand géomètre, 1759.

28 Robespierre, Couthon, Saint-Just, etc., 1794. — Victoire des

Français (40,000) sur les Anglais (80,000), commandés par Wellington, à Talaveira (Espagne), 1809. — Assassinat juridique des deux frères les généraux Faucher, à Bordeaux, 1815 ¡¡¡ — Machine infernale de l'infâme Fieschi, espion de la Cour ; elle ne fut braquée que contre le peuple et la liberté du *Réformateur*, 1835. — Monge, géomètre applicateur, 1818.

29 Victoire complète du peuple de Paris sur la royauté, après trois jours de combat; chute de la royauté de droit divin, 1830. — Victoire, à Tolosa (Espagne), des Français, au nombre de 40,000, sur 80,000 Anglais et Espagnols commandés par Wellington, 1809. — Victoire des Français sur Guillaume III, roi d'Angleterre, à Nerwinde, 1693. — Oppède (baron d'), infâme égorgeur catholique des braves et laborieux Vaudois de la Provence, mort à son tour dans des douleurs atroces, 1558 ¡¡¡

30 Marie-Thérèse, épouse officielle de Louis XIV, 1683. — Diderot, 1741. — Penn (Guillaume), fondateur préparateur, par la sagesse et la philanthropie de ses principes, de la grande république des Etats-Unis d'Amérique, 1718.

31 Victoire navale des Français (amiral d'Orvilliers) sur les Anglais (amiral Keppel), en face des îles d'Ouessant, 1779. — Escamotage de la révolution de Juillet, par les roueries de la société de Jésus, en faveur de Louis-Philippe, fils de Philippe surnommé l'Egalité, 1830. — Glorieuse capitulation de Valenciennes, 1793. — Ignace de Loyola, espèce de visionnaire, fondateur de la congrégation impitoyable des jésuites, 1556.

AOUT.

1 Glorieuse défaite d'Aboukir, par l'inactivité de vingt capitaines de vaisseaux français, sur laquelle comptait l'ami-

— 86 —

rauté anglaise. Héroïque mort de Dupetit-Thouars et de l'amiral Brueys. A cette époque, Quiberon prenait du service dans la marine, 1798. — Assassinat de Henri III par le pieux Jacques Clément, 1589. — Chappe (l'abbé), 1769.

2 Condillac, 1789. — Montgolfier, 1799.

3 Holocauste humain ; le savant typographe Dolet brûlé vif à l'Estrapade par la Sorbonne, 1546 !!!

4 Abolition des titres de noblesse et des priviléges par l'Assemblée nationale, 1789. — 5,000 Autrichiens mettent bas les armes devant 1,200 hommes commandés par Bonaparte, 1796. — Nelson, à la tête de la flotte anglaise, bat en retraite devant la flottille française du camp de Boulogne, 1804. — Exécution odieuse de Jacques d'Armagnac par le féroce et pieux Louis XI, 1477.

5 Victoire de Bonaparte sur les Autrichiens à Castiglione, 1796. — Antoine Arnaud meurt à Bruxelles, exilé par les jésuites dont sa plume était la terreur, 1694.

6 Arrêt du Parlement qui supprime en France l'ordre des jésuites, comme enseignant une *doctrine perverse, destructive de tout principe de religion et même de probité, injurieuse à la morale chrétienne, pernicieuse à la société civile, séditieuse,... propre à exciter les plus grands troubles dans les États, et à former et à entretenir la plus profonde corruption dans le cœur des hommes...* Donné en Parlement, toutes les chambres assemblées, le 6 août 1762. — Rétablissement de l'ordre des jésuites par le pape Pie VII, d'abord républicain, puis servile envers Napoléon, et ensuite inexorable envers ceux qui avaient servi cet empereur, sur son exemple, 1814. — Cicéron, immolé à la vengeance d'Antoine par la lâcheté d'Auguste, 45 ans avant notre ère. — Deux batailles, de Spickeren près Forbach et de Reischoffen, perdues, en dépit de la bravoure de nos soldats, par l'impéritie du prétendu neveu de Napoléon le Grand et de ses généraux d'antichambre, 1870 !!!

7 Déception de Juillet 1830, œuvre des jésuites. Louis-Philippe d'Orléans, fils de l'Egalité, est proclamé, par une coterie

— 87 —

organisée de longue main, roi des Français. — Lamoignon, magistrat intègre, 1709.
8 Adanson, 1806. — Richelieu (maréchal de), 1788.
9 Jeanne Hachette, héroïne de Beauvais, 1473.
10 Les Tuileries prises d'assaut par le peuple, 1792.
11 Victoire de Condé à Senef, 1674.
12 Louis XVI et sa famille transférés au Temple, 1792. — Assassinat juridique du brave Dupuy-Montbrun à Grenoble, 1815. — Millevoye, jeune et intéressant poëte, 1816. — Le prétendu neveu de Napoléon abdique le commandement de l'armée du Rhin et l'embarrasse de sa dyssenterie et de ses immenses bagages ¡¡¡ 1870.
13 Bataille de Hochstedt, perdue par les débiles favoris du vieux Louis XIV, 1704. La victoire de Moreau sur le même terrain, le 19 juin 1800, a lavé suffisamment notre histoire de cet échec. — Cuvier (Georges), 1832.
14 Passage du Borysthène par la grande armée, 1812. — Magnifique succès de Borny (sur la droite de Metz) en dépit du honteux Bazaine, 1870.
15 Victoire des Français, sous les ordres du duc de Vendôme, sur les impériaux sous les ordres du prince Eugène, à Luzzara, dans le Milanais, 1702.
16 Premier emploi du télégraphe aérien, annonçant la prise du Quesnoy, 1794. — Embarquement pour l'exil de Charles X à Cherbourg, 1830. (Quand le jésuitisme a usé une de ses créatures, il la sacrifie pour faire place à une autre qu'il tâchera d'user de même.) — Départ les larmes aux yeux de notre dyssentérique empereur, quittant Metz dans une espèce d'idiotisme, 1870 ¡¡¡
17 Assassinat politique du général Ramel, 1815 ¡¡¡
18 La Boëtie, 1563. — Delambre, astronome, 1822. — Victoire de Catinat sur le prince Eugène à Staffarde, 1690. — Mac-Mahon tient en respect les troupes prussiennes, du matin au soir, quoique doubles des siennes, 1870. — Grande victoire, à Rézonville ou Gravelotte, de nos soldats sur les troupes prussiennes commandées par le prince Charles; fuite honteuse de toute l'armée prussienne qui ne se serait

jamais relevée de ce coup, sans la trahison de Bazaine, 1870 !!! ¡¡¡

19 Pascal, 1662. — Assassinat politique du colonel La Bédoyère, 1815.

20 Guy d'Arezzo, moins réformateur qu'écrivain sur la musique, 11e siècle ★.

21 Bernadotte élu prince royal, 1810. — Condamnation, par le Parlement de Toulouse, de l'abbé et du chevalier de Ganges comme assassins de leur vertueuse belle-sœur, 1667. — Montague (lady), qui importa de Constantinople en Angleterre, en dépit des médecins, l'inoculation, 1762. — Rumford (comte de), physicien du calorique, 1814.

22 Hippocrate, 351 avant notre ère ★.

23 Herschell, astronome, 1822.

24 Massacre papiste de la Saint-Barthélemy par les jésuites, 1572. — Jean Goujon assassiné sur son échafaudage, 1572.

25 Louis IX, 1270. — Watt, applicateur de la puissance de la vapeur, découverte par Papin, 1820.

26 Victoire de Napoléon sur l'Europe coalisée à Dresde. Blessure de Moreau dans les rangs des ennemis de la France, 1813. — Hume (David), historien anglais, 1776.

27 Toulon livré aux Anglais par des Français indignes de ce nom, 1793. — Héroïque capitulation d'Huningue, défendu pendant douze jours par 135 soldats français contre 36,000 Autrichiens, 1815.

28 Présentation des lois odieuses votées en septembre suivant, lois préparées par la machine infernale de Fieschi, et braquées spécialement contre le journal le *Réformateur*, afin de le faire passer entre les mains de quelques imbéciles séides de la société de Jésus, 1835.

29 Louis XI, féroce et poltron, 1482 ¡¡¡

30 Soufflot, architecte du Panthéon, 1781.

31 Roger Bacon, 1294 ; il devança Galilée et fut traité comme lui.

SEPTEMBRE.

1 Louis XIV, 1715. — France, rougis ¡¡¡ à Sedan, ton idiot d'usurpateur, un drapeau blanc à la main, s'avance auprès des Prussiens étonnés pour leur livrer toute sa brave armée de 85,000 hommes ¡¡¡ ¡¡¡ ¡¡¡ triple expiation du plébiscite ; et il fuit comme un lâche, à l'insu de son armée livrée à l'ennemi. Le même jour le général Vinoy, entendant la canonnade à 16 kilomètres de Sedan, recule avec 20,000 hommes devant la division wurtembergeoise, 1870.

2 Massacres des prisons de Paris, organisés par les jésuites, dans le double but de punir les nobles libres penseurs et de jeter de l'odieux sur la Révolution française, 1792. — Rétablissement, par la faiblesse d'Henri IV, des jésuites qui devaient le faire assassiner, 1603. — Moreau (général), mort dans les rangs ennemis, 1813 ¡¡¡

3 Deuxième journée des saturnales dans le sang, sous les inspirations secrètes des jésuites impitoyables, auteurs du terrorisme, 1792.

4 Rouerie jésuitique : déportation des républicains innocents, à la place des royalistes coupables, 1797. — Bombardement d'Alger par Duquesne, 1682. — Victoire de Bonaparte sur les Autrichiens à Roveredo, 1796. — Les Anglais, descendus à Saint-Cast (Bretagne), sont écrasés avec une perte de 4,000 hommes et 500 prisonniers, 1758. — Déchéance du prétendu Napoléon III par le gouvernement provisoire, composé d'orléanistes, coupables plus tard, comme lui, d'avoir livré Paris et la France aux Prussiens. Je puis certifier que ces braves gens (MM. les orléanistes de l'Assemblée) étaient avertis d'avance que Napoléon devait être pris ; je doute qu'ils le nient, 1870.

5 Lenostre, jardinier, 1700. — Duperron, cardinal, vaincu par le protestant de Mornay, 1618. — Trochu se nomme président du gouvernement de la défense nationale, quoique ou parce qu'il était dévot à la Vierge et à Geneviève de Brabant, 1870

6 Les jésuites, sous le masque des protestants, essayent de lapider J.-J. Rousseau, dans sa maison du Mont-Travers près Neufchatel, 1765. — Assassinat juridique des quatre sergents de la Rochelle, 1822. Les provocateurs ont jeté leurs masques dans la sacristie en 1848 ¡¡¡ — Colbert, grand ministre, 1683.

7 Victoire de Napoléon sur les Russes à la Moskowa, 1812. — Estienne (Robert), mort dans l'exil et ruiné après la mort de son protecteur François Ier, 1559.

8 Pallas, savant voyageur naturaliste, 1811. — Victoire des Français sur les Autrichiens à Hondschoote, 1793.

9 Guillaume, duc de Normandie, fait la conquête de l'Angleterre à la tête d'une armée improvisée de Français, 1087. — Rétablissement irrationnel du Calendrier grégorien, pour flatter le clergé romain, 1805. — Admirable suicide : explosion de la poudrière de Laon lors de l'entrée de l'état-major du duc de Mecklembourg dans la citadelle, 1870.

10 Assassinat royal du duc de Bourgogne, 1419.

11 Bernard de Palissy, 1589. — Bataille de Malplaquet, où la belle retraite des Français, sous les ordres de Villars, équivalut à une victoire. Les alliés, Anglais, Allemands et Hollandais, sous les ordres de Marlborough et du prince Eugène, y perdirent deux fois plus de monde que les Français, et ne recueillirent d'autre honneur que de passer la nuit sur le champ de bataille, 1709. — La papauté détrônée par le roi d'Italie, et Rome devenue capitale, 1870.

12 Assassinat juridique du vertueux de Thou, 1642 — Rameau, grand musicien, mort libre penseur, 1764.

13 Cromwell, 1658. — Titus, empereur, surnommé les délices du genre humain, 81. — Victoire des Français sur les Anglais à Villafranca, 1813. — Décret du pape Clément XI contre les scandales et barbaries des jésuites en Chine, 1725. — Montaigne (Michel de), inimitable philosophe et écrivain, 1592.

14 Occupation de Moscou par les Français, 1812. — Le Comtat-Venaissin réuni à la France, 1794. — Le Dante, 1321. —

Cassini Ier, astronome, 1712.—Rollin, instituteur et grand propagateur d'histoire, 1741.
15 Hoche, 1797.
16 Louis XVIII, 1824. — Dupaty (Mercier), le président, auteur des *Lettres sur l'Italie*, 1788.
17 Bréguet, horloger, 1823.—Paris est cerné par les Prussiens, 1870.
18 Van Eyck (Hubert), l'un des inventeurs de la peinture à l'huile, 1426. — Victoire de Brune sur les Anglais et les Russes à Bergen, 1799. — Massillon, inimitable prédicateur, 1742.
19 Bataille de Poitiers, gagnée par l'inertie anglaise, parfaitement bien retranchée, sur l'impétuosité indisciplinée de grands seigneurs d'alors, 1346.
20 Victoire, en quelques heures, à Valmy, des républicains français, simples volontaires de la veille, sur les vétérans prussiens et les émigrés transfuges français, 1792. — Translation du corps de J.-J. Rousseau au Panthéon, 1794. — Méchain, savant astronome mort de chagrin pour une faute de calcul, 1805.
21 Royauté abolie en France, 1792. — Marceau, 1796. — Victoire d'Henri IV à Arques, près Dieppe, 1589.
22 Valdo, qui passa sa vie à signaler les turpitudes du clergé romain et à épurer les mœurs de ses semblables, 1179. — Clément XIV, empoisonné lentement par les jésuites qu'il avait supprimés, 1774. — Ère de la République française, 1792 ! ! !
23 Convocation des états généraux, 1788. — Boërhave, illustre botaniste et médecin, 1738.
24 Victoire navale de Suffren sur les Anglais dans l'Inde, 1782. — Paracelse, 1541. — Grétry, 1813.
25 Victoire décisive des Français contre les Russes à Zurich, 1799.
26 Traité, en 1815, de la sainte et aristocratique alliance de toute l'Europe contre la France, qui a continué à la chansonner et à la faire trembler pendant 54 ans.
27 Duguay-Trouin, la terreur des Anglais, 1736. — Victoire de Masséna sur les Anglais à Busaco (Espagne), 1810. — Ins-

titution de l'ordre des jésuites, si fatal à l'humanité, sur la présentation d'un fou nommé Loyola, don Quichotte de la Vierge, par la bulle du pape libertin Paul III, 1540.

28 Prise de Nice par les Français, 1792. — Capitulation de la brave ville de Strasbourg, malgré elle et malgré son héroïque armée, 1870.

29 Souwarow disparaissant après sa défaite de Zurich et fuyant jusqu'en Russie, 1799. — Pompée le Grand, égorgé en débarquant en Égypte, sur l'ordre du roi son pupille, 48 ans avant notre ère.

30 Saint Jérôme, seul arbitre de l'authenticité des livres dits canoniques, 420. — Clôture de l'Assemblée constituante, 1791. — Prise par les Français de Spire et Worms, 1792.

OCTOBRE.

1 Corneille (le Grand), 1684. — Assassinat juridique, en violation des formes de la procédure, du colonel Caron, entraîné dans un piége par quelques agents provocateurs de la police Decazes, sous la conduite du maréchal des logis Thiers, frère du ministre, 1822.

2 Prise de Bougie par le général Trézel, 1833. — Victoire des Français, sous la conduite de Jourdan, à Aldenhoven, sur les Autrichiens, 1794.

3 Victoire des Français sur les Autrichiens à Hohenlinden, 1800. — Capitulation de Cadix, un des hauts faits d'armes du grand conquérant le duc d'Angoulême, qui ne s'en est jamais douté, 1823. — Annibal, 183 ans avant notre ère★.

4 Victoire de Catinat à Marsaille, 1693. — Miltiade, 489 avant notre ère ★.

5 Assassinat juridique du général Berton, 1822, entraîné par des agents provocateurs qui se sont démasqués, les uns à la cour de Louis-Philippe, et les autres dans les sacristies en 1848.

6 Thémistocle, 464 avant notre ère*. — Guarini, auteur du *Pastor Fido*, 1612.
7 Victoire des Français sur les Austro-Russes à Constance (Suisse), 1799. — Héroïque défense de Lille, 1792. — Alfieri, 1803. — Froissard, historien, 1400.
8 Rienzi, 1354. — Anglais à Lorient forcés de regagner en toute hâte leurs vaisseaux, 1746. — Belle défense de Saint-Quentin (Aisne) par les citoyens de la ville contre les Prussiens, 1870 !
9 Reprise de Lyon sur les agents des jésuites et de l'étranger, 1793. — Victoire des Français, sous la conduite de Soult, sur les Anglais et Espagnols, sous la conduite de Wellington, à Alba (Espagne), 1812. — Perrault (Claude), architecte de la colonnade du Louvre, 1688.
10 Zwingle, brave combattant protestant, mort sur le champ de bataille, 1531.
11 Victoire des Français, sous la conduite de Maurice de Saxe, sur les Anglais et Hollandais à Rocoux, 1747. — Monaldeschi, assassiné sous les yeux et par les ordres de la reine Christine, 1657.
12 Épicure, 270 avant notre ère*. — Marco Paolo (Marc Paul), voyageur qui a parcouru, par voie de terre, l'Asie jusqu'en Chine, dès 1324*.
13 Murat, fusillé par les Bourbons de Naples, 1815. — Prise de Constantine par les Français, 1837. — Virgile, 18 ans avant notre ère*.
14 Victoire de Napoléon sur les Prussiens à Iéna, 1806. — Gassendi, 1655. — Tycho-Brahé, astronome, 1601.
15 Malebranche, 1715. — Kosciusko, 1817. — Vésale, anatomiste, victime de la ire des médecins, 1564. — Potemkin, illustre favori et victime de Catherine II, impératrice de Russie, 1791.
16 Marie-Antoinette, épouse de Louis XVI, 1793. — Capitulation de 16,000 Prussiens à Erfurth, 1806.
17 Capitulation d'Ulm entre les mains de Napoléon, 1805. — Ninon de Lenclos, la femme libre, 1705 !!!

18 Leipzig ¡¡¡ défection des troupes allemandes; Poniatowski, 1813. — Méhul, compositeur, 1817. — Réaumur, grand observateur et physicien, 1757. — Admirable défense de Chateaudun contre la barbarie des Prussiens, 1870.
19 Talma, 1826. — Polybe, historien, 120 ans avant notre ère*.
20 Grand sanhédrin des juifs à Paris, 1806.
21 Nelson tué à Trafalgar; il savait d'avance que quinze vaisseaux français au moins amèneraient leurs pavillons, en dépit de la bouillante indignation de leurs intrépides marins. Seconde édition des manœuvres d'Aboukir, 1805.
22 Les Français obligent Wellington de lever le siége de Burgos (Espagne), 1812. — Révolte et soumission du Caire, 1798. — Odieuse et ruineuse révocation de l'édit de Nantes, 1655 ¡¡¡ — Victoire remportée à Villegats (près Mantes) sur les Prussiens par les *Mocquards*; mort du lieutenant-colonel d'artillerie prussien Vogel de Falkenstein, 1870.
23 Conspiration de Mallet, 1812; grotesque rôle de Pasquier, alors préfet de police et plus tard président de la Chambre des pairs. — Boëce, 526.
24 Babinet, enterré par les prêtres, quoique mort, sinon comme libre penseur, du moins comme libre moqueur; il est mort le 22 oct. 1872.
— 25 Prise de Berlin par les Français, 1806.
26 Holocauste humain : Servet livré aux flammes par Calvin, 1553 ¡¡¡ — Rancé (l'abbé de), réformateur de la Trappe aujourd'hui bien dégénérée par la boisson, 1700. — Voyez, dans notre *Almanach météorologique pour* 1872, *pag*. 166, le rare fait d'armes du marquis de Fréminville, capitaine des mobiles de l'Ain, qui, furieux d'avoir fouillé vainement dans nos caves, en les dévastant, s'en vint opérer au grand jour en brisant quatre statues à coups de *révolver* et de sabre, en face des soldats du même corps qui lui reprochaient ces actes de lâcheté. Savez-vous qui a été puni dans cet acte d'iconoclaste? ce sont ces braves soldats pour avoir insulté ce digne capitaine qui leur conseillait de tout dévaster dans la maison du républicain Raspail. Ainsi va

la justice des conseils de guerre. — L'exemple donné par le marquis de Fréminville a été trop bien suivi par les mobiles de la Vendée et du Puy-de-Dôme, qui n'ont laissé que des ruines dans la commune d'Arcueil-Cachan. (Voyez en même temps ce que dit de cet acte de bravoure l'ex-sénateur Vinoy, et passez outre.)

27 Lycurgue, 870 avant notre ère*.
28 Charles Degeer, le Réaumur suédois, 1778. — Admirable conduite de 280 francs-tireurs de la Presse et mobiles qui reprennent le Bourget près Paris; Trochu les blâme et les laisse ensuite égorger par l'arrivée de 35,000 Prussiens, sans envoyer à leur secours ¡¡¡ 1870.
29 Exécution de Mallet, 1812. — D'Alembert, 1783. — Dumouriez passe à l'ennemi, accompagné du fils de Philippe-Égalité, en emportant la caisse de l'État, 1791. — Bazaine livre à l'ennemi une armée affamée et indignée de rage et de honte de 170,000 hommes, plus les drapeaux, les canons et les munitions de la brave ville de Metz; les femmes veulent lui arracher les yeux, les soldats accourent pour le fusiller; les gendarmes prussiens le protègent et parviennent à le sauver, 1870 ¡¡¡
30 Reddition de l'héroïque ville de la Rochelle, 1630. — Assassinat juridique de Montmorency, 1632 ¡¡¡
31 Les Girondins, 1793. — La population de Paris, indignée de l'abandon de nos héroïques combattants du Bourget par Trochu, se transporte à l'Hôtel-de-Ville; le gouvernement provisoire orléaniste transforme cette explosion en une cohue indéfinissable sans rime ni raison; le tour était joué ¡¡¡ 1870.

NOVEMBRE.

1 Tremblement de terre à Lisbonne, 1755; on en ressentit la secousse jusqu'en Suède. — Pompignan (Lefranc de), auteur de l'ode sur J. B. Rousseau, 1784.

2 Louis le Débonnaire, type des rois de droit divin et partant esclaves des prêtres, 833 ¡ ¡ ¡
3 60,000 Espagnols et Allemands sont forcés de lever le siége de Saint-Jean-de-Losne (Côte-d'Or), défendu par 5,000 citoyens et 50 soldats, 1636. — Lescure, général vendéen 1793..
4 Institution du Directoire, 1795 ¡ ¡ ¡
5 Riego, 1823.
6 Bernard de Jussieu, 1777. — Exécution de Philippe Égalité, 1793. — Charles X, mort dans l'exil, 1836.
7 Victoire des volontaires français sur les vétérans autrichiens à Jemmapes, 1792. — Capitulation de 16,000 Prussiens à Ratkau, 1806. — Très-beau début de l'armée de la Loire entre Marchenoir et Orléans, 1870.
8 Mme Roland, 1793. — Lancelot (Ant.), 1740. — Ximénez, grand ministre espagnol, 1517.
9 Coup d'État du 18 brumaire an VIII et Consulat, 1799. — Catherine II impératrice de Russie, 1796.
10 Milton 1674. — Bailly, 1793. — Magnifique bataille de l'armée de la Loire contre le prince Charles et le duc de Mecklembourg, à Coulmiers; l'ennemi abandonne Orléans dans le plus complet désordre; 1870¡¡¡
11 5,000 Français mettant en fuite 24,000 Russes à Dirnstein, 1805. — Mettrie (J. Offray de la), 1751.
12 Gilbert (le poëte), que les dévots qu'il avait servis laissèren mourir à l'hôpital, 1780.
13 Première occupation de Vienne par les Français, 1805.
14 Leibnitz, 1716.
15 Képler, astronome, 1630. — Suicide sublime de Roland, en apprenant la mort par la guillotine de son épouse, 1793.
16 Victoire et mort de Gustave-Adolphe à Lutzen, 1632. — Charron, auteur du *Traité de la sagesse*, 1603. — Tallien, abandonné de sa femme Mme Cabarus, plus tard princesse de Chimay, et de son parti, 1820.
17 Victoire de Bonaparte à Arcole, 1796. — *Conspiration* dite *des poudres*, ourdie à Londres par la société de Jésus, 1605. — Mirandole (J. Pic de la), savant *de omni re scibili*, 1494.

18 Première représentation de l'*OEdipe* de Voltaire, 1718.
19 Le Poussin, 1665. — Le Masque de fer, fils de Mazarin et d'Anne d'Autriche, et frère aîné de Louis XIV, 1703.
20 Découverte de l'armoire de fer aux Tuileries, 1792. — Dogommier, surnommé le *Père des soldats*, meurt dans son triomphe, 1794. — Cardinal de Polignac, 1741.
21 Cardinal de Bourbon, un instant roi de France sous le nom de Charles X, 1589. — J. B. Santerre, peintre français, 1717.
22 Homère, 980 avant notre ère*.
23 Duc d'Orléans, assassiné par le duc de Bourgogne, 1417.
24 Victoire des Français sur les Autrichiens et les Sardes à Loano, 1793. — Solon, 1559 avant notre ère*.
25 André Doria, libérateur de Gênes, 1460.
26 Sénèque, 68**. — Quinault, poëte lyrique, 1688. — Garibaldi remporte trois victoires sur les Prussiens à Prenois, Darois et sous les murs de Dijon, 1870.
27 Lamblardie, fondateur de l'Ecole polytechnique, 1798. — Arteveld (Philippe d'), grand et brave tribun flamand, mort en combattant, 1382.
28 Dunois, 1468. — Tournefort, illustre botaniste, 1708. — 1re victoire de Voltaire pour sauver la famille Sirven : elle est déclarée innocente, à Toulouse, où elle avait été condamnée à mort par contumace, 1769 (*Voir le 14 janvier 1772*).
29 J. B. Van Helmont, révolutionnaire en chimie et en médecine, 1644*.
30 Victoire de Napoléon sur les Espagnols à Somo-Sierra (Espagne), 1808. — Saxe (maréchal de), 1750.

DÉCEMBRE.

1 Alexandre 1er, empereur de Russie, 1825. — Brillant fait d'armes par l'armée de la Loire contre les Prussiens, au château de Villepion, 1870. — Victoire à Autun de Gari-

baldi sur les Prussiens supérieurs en force, belle conduite des habitants d'Autun. — Le même jour le général Ducrot s'était engagé de ne rentrer à Paris que MORT OU VICTORIEUX, de grand sonneur de retraite, son illustre ami le général Trochu, lui tendit la main à Champigny, en même temps que les Prussiens du prince Charles sonnaient la retraite de leur côté. Le siège de Paris a été fécond en pareilles retraites, sonnées à Châtillon par le général Vinoy, à Buzenval par Trochu, etc., alors que nos troupes ardentes marchaient à la victoire. Cela n'a fini qu'après que Trochu eut achevé de rédiger son plan, aux pieds de Sainte-Geneviève de Brabant, et l'eut déposé dûment cacheté chez un notaire, et que Jules Favre fût allé SEUL signer, les larmes aux yeux, le traité de paix avec son excellent ami Bismark. Ainsi finit la série de nos hontes officielles, de nos glorieuses souffrances et de nos plus glorieuses espérances, sur quatre points différents de notre malheureux pays, 1870.

2 Victoire de Napoléon à Austerlitz sur les trois souverains de Russie, d'Autriche et de Prusse, 1805. — 2ᵉ Empire, 1851 ¡¡¡ — Fernand Cortez, 1554. — Grillon, 1615.

3 Victoire des Français à Dourdits (Catalogne), 1653.

4 Cardinal de Richelieu, 1642. — Prise de Madrid par les Français, 1808.

5 40,000 Napolitains et Anglais mis en déroute complète par 6,000 Français à Civita-Castellana, 1798. — Mozart, 1791.

6 Orphée, 1,000 avant notre ère ★. — Chanzy, nommé général en chef de l'armée de la Loire, à la place de d'Aurelles de Paladines, 1870.

7 Assassinat juridique du maréchal Ney, 1815. — Victoire, à Cravant (près d'Orléans), par l'armée de la Loire composée surtout de mobiles, contre le prince prussien Charles, 1870.

8 Empédocle, 440 avant notre ère ★. — Victoire à Villarceau (près Beaugency, sur la Loire) de notre jeune armée sur les Prussiens et Bavarois commandés par le prince Charles avec des forces supérieures, 1870.

9 Van Dyck, 1641. — Laubardemont fils, chef de voleurs, 1651

10 Victoire de Villa viciosa, 1710.

— 99 —

11 Condé (le Grand), 1686. — Charles XII, 1718.
12 Glorieux combat du brick *le Cygne*, 1808.
13 Démocrite et Héraclite, 500 avant notre ère *. — Belle retraite de Chanzy, après 6 jours de combats victorieux sur les troupes accourues au secours du prince Charles, autour de Fréteval (sur Vendôme) 1870.
14 Washington, 1799.
15 Arrivée à Paris des cendres de Napoléon à travers une haie d'un million d'hommes, 1840. — Grande bataille livrée, à Vendôme, par Chanzy contre les troupes réunies du duc de Mecklembourg et du prince Charles, 1870.
16 Pindare, 436 avant notre ère. — Quesnay, chef des économistes, 1774.
17 Bolivar, dictateur de la Colombie, 1830 *.
18 Vicomte d'Orthez, 1572.
19 Les Anglais chassés de Toulon par le lieutenant d'artillerie Bonaparte, 1793. — Léonidas et les 300 Spartiates, 480 avant notre ère*. — Abolition de l'esclavage aux États-Unis d'Amérique par le Congrès, 1865.
20 Condamnation arbitraire de Fouquet, dépositaire des secrets de la naissance du Masque de fer, 1664. — Ambroise Paré, 1590.
21 Sully, 1641. — Montfaucon, 1741. — Belle retraite de Chanzy, au Mans, après avoir épuisé les forces du duc de Mecklembourg et du prince Charles, forcés de leur côté de s'éloigner, le premier à Chartres et le second à Orléans, pour aller se réorganiser, 1870.
22 Lantara, mort à l'hôpital, 1778.
23 Capitulation de la citadelle d'Anvers, 1832.
24 Assassinat du duc de Guise par ordre d'Henri III, 1588. — Machine infernale organisée par les jésuites et royalistes contre la vie de Bonaparte, premier consul, 1800. — Le président Hénault, 1770. — Vasco Gama, voyageur, 1524.
25 Jésus de Nazareth, 1. — Charles le Chauve, couronné empereur à Rome, 875.
26 Helvétius, 1771.
27 Tentative d'assassinat sur Henri IV par Jean Châtel, élève des

jésuites, 1594.—Assassinat du général Duphot par les sbires de la cour de Rome, 1798. — Ronsard, 1585. — Mabillon, 1707.
28 Pierre Bayle, 1706. — Prise de Spire par les Français, 1793.
29 Expulsion des jésuites comme coupables et instigateurs de l'assassinat d'Henri IV par Jean Châtel; pendaison des deux jésuites Guinard et Quétet comme complices du régicide Jean Châtel, 1594. — Victoire de Turenne à Mulhouse, 1674. — Montyon, 1820.
30 Borelli, savant observateur, 1679.
31 Daubenton, 1799 à 1800. — Wicleff (Jean), préparateur du protestantisme, 1385. — Marmontel, littérateur et poëte, 1759.

N° XII.

Observations sur l'usage et la destination des éphémérides précédentes.

Après la leçon de l'*Agenda agricole*, dont nous avons parlé à la page 31, l'instituteur communal devra en ouvrir immédiatement une autre exclusivement biographique et historique. Chaque jour, il racontera à ses élèves, soit la vie d'un homme célèbre ou par ses vertus qui doivent leur servir d'exemple, ou par ses méfaits qui doivent leur indiquer le danger à éviter ; soit l'histoire d'un événement dont la patrie ait à s'enorgueillir, ou dont l'humanité ait à réparer les désastres et à conjurer le retour. Le canevas de ce cours se trouve dans ces *éphémérides* (Voy. pag 61).

Dans ce but, chaque jour l'instituteur devra avoir recours, pour sa leçon du lendemain, à une biographie ou à un livre d'histoire écrit avec indépendance et philosophie, afin de se pénétrer intimement de son sujet, de grouper et déduire exactement les dates. A peu d'exceptions près, et ces exceptions sont marquées d'un astérisque *, les noms d'hommes ou d'événements sont inscrits le jour où l'homme célèbre a cessé de vivre et où l'événement s'est passé. La coïncidence du jour de la date et du jour de la leçon ne serait pas un des moindres moyens de graver la leçon, d'une manière durable, dans la mémoire de l'élève.

L'instituteur aura soin de juger les hommes et les événements d'après les règles de la raison et de l'humanité, et en se gardant bien de tout ce qui aurait l'air d'un appel aux passions de l'époque. Car la grande leçon qui ressort des vicissitudes de l'histoire, c'est le pardon réciproque des souvenirs.

N° XIII.

NOMENCLATURE DES NUAGES.

Nous reproduisons la nomenclature des nuages, que nous avons donnée précédemment, dans cet almanach, à l'article du traité spécial de météorologie.

Il nous a paru nécessaire de remettre sous les yeux des lecteurs les définitions des différentes formes de nuages, pour l'intelligence des noms employés, afin de désigner l'aspect du ciel en général.

Notre Académie des sciences en est encore, sous ce rapport, à ses *Cirri* et *Cumuli*.

Nous nommons :

Ciel magnifique, le ciel sans aucun nuage, vapeur ou brouillard.

Ciel assez nuageux, ou *assez beau*, quand les nuages recouvrent environ la moitié de l'espace.

Ciel nuageux, ou *beau*, quand l'espace qu'ils recouvrent équivaut au quart de la calotte apparente du ciel ; et *très-beau*, si les nuages sont rares.

Ciel très-nuageux, quand la surface que les nuages recouvrent équivaut aux trois quarts de la calotte apparente du ciel.

Ciel couvert, quant la couche des nuages accidentés cache entièrement la calotte du ciel.

Ciel tamisé, quand la couche de nuages qui recouvrent le ciel est tout unie et comme nivelée ou passée au tamis.

Ciel enfumé, quand au-dessus de la couche tamisée courent des nuages ardoisés qui se déroulent comme une fumée; ces flocons ne sont autres que des nuages de pluie que l'air comprimé par les nuages supérieurs lance par-dessus nos têtes et à de grandes distances vers la terre.

Ciel sombre et *ardoisé*, quand la couche de nuages qui recouvrent le ciel laisse passer fort peu de lumière.

Ciel givreux, ciel des temps froids, qui tamise assez de lumière et ressemble à un verre dépoli.

Ciel voilé, ciel que recouvre comme une vapeur qui tamise la lumière, et où le blanc vaporeux remplace le bleu du ciel.

Ciel vaporeux, quand le bleu du ciel est recouvert comme d'une gaze, par les vapeurs d'eau.

Ciel brouillardé, quand un brouillard raréfié permet de distinguer l'horizon et même le zénith.

Ciel pluvieux, quand il menace de la pluie.

Ciel gibouleux, quand d'instant en instant il passe au zénith des nuages qui déchargent des giboulées.

Ciel cerné, quand l'horizon est bordé et ceint de nuages ordinaires sans trop d'accidents de surfaces.

Ciel alpestre, quand les nuages qui cernent l'horizon présentent l'aspect d'immenses montagnes de neige, avec leurs immenses glaciers, leurs créneaux, leurs pitons, leurs contre-forts et leurs cimes qui se déforment et s'inclinent d'instant en instant en fondant sous l'action des rayons solaires. C'est du haut d'une colline ou d'un plateau, que l'on est plus à même de bien observer, à l'horizon, le magnifique panorama d'un *Ciel alpestre*. Ainsi, à Bellevue, Clamart, Bicêtre, au Mont-Valérien, à Montmartre et même sur la route d'Orléans, il n'est nullement rare d'observer ce magnifique phénomène; car l'œil plonge alors sur la surface supérieure de cette chaîne de montagnes de neige; tandis que, dans le fond d'un vallon, on ne voit les nuages que par leur surface inférieure, celle que la fusion de la neige et le filtrage de l'eau unissent et ardoisent. La majestueuse apparition de ces glaciers de nuages précède et prédit une pluie abondante là où le vent les charrie.

Ciel moutonné, lorsque les nuages s'avancent sous la voûte du ciel, isolés, mais rapprochés, égaux de forme et d'aspect, arrondis, ou ovoïdes, enfin, par une image grossière, analogues à un troupeau de moutons aperçu à vol d'oiseau.

Ciel treillagé, quand le radeau de nuages par suite d'un mode de fusion partielle, aminci et comme découpé, forme un treillage de barres s'enlaçant régulièrement et sous un même angle variable chaque fois.

Ciel guilloché ou ciel des grands froids, offrant des surfaces recroquevillées en arabesques, et comme de ces arborisations qui recouvrent nos vitres.

Ciel digité, lorsque d'un point de l'horizon émergent, en divergeant, des filets longs et empennés de nuages, sous forme d'un éventail ; on dit alors *digité* par le point de la rose des vents sur lequel ces filets nuageux s'implantent ; digité par N. ou S. ou N.-O.; etc.

Ciel panaché, quand les nuages affectent la forme de longs panaches blancs.

Ciel interférent, à nuages en longues lames parallèles ou concentriques et normales à la direction qu'ils suivent.

Ciel strié, quand les nuages s'étirent en filets parallèles ou divergents.

Ciel aranéeux, quand le ciel est comme tendu d'une apparence de toile d'araignée, par un réseau de longs jets nuageux.

Ciel charriant, quand les nuages, en compartiments plus ou moins angulaires, voyagent comme de conserve et en gardant entre eux les mêmes espacements.

Ciel erratique, quand des nuages éblouissants de blancheur, sur leurs bords spécialement, voguent sous un ciel bleu sans aucune direction arrêtée, s'éloignent, se rapprochent et se confondent souvent, deux à deux ou trois à trois, pour former un nouveau nuage.

Ciel flottant, quand, sous un ciel bleu, un immense nuage, plus ou moins treillagé, vogue comme un de ces radeaux de bois flotté qui se laissent aller au courant du fleuve.

Un nuage de pluie déforme son profil au gré du vent et comme le fait un tourbillon de fumée ; il est sombre ou ardoisé.

Un nuage de neige est éblouissant de blancheur par la réflexion des rayons solaires, quand nous le voyons de face ; ardoisé, quand nous le voyons par-dessous. Il ne se déforme, il n'altère ses contours qu'en fondant aux rayons solaires ; on voit alors ses pitons se rapprocher mollement de ses vallées ou de ses collines, et ses flancs se creuser de vallées.

Un nuage de glace a ses bords anguleux et nettement tranchés ; il garde longtemps son profil ; il est souvent si transparent, qu'on voit les astres et le bleu du ciel, çà et là, à travers son épaisseur.

Le ciel flamboyant est le ciel magnifique, grandiosement coloré avant le lever ou après le coucher du soleil. Les nuages les plus flamboyants deviennent bleus, dès que les rayons du soleil ne les éclairent plus.

Le ciel coloré, assez coloré, très-coloré est le ciel nuageux dont les nuages, occupant le quart, la moitié, les trois quarts du ciel, sont colorés d'un côté en aurore, en pourpre, jaune d'or ou en différentes nuances de ces trois couleurs, et de l'autre côté en bleu plus ou moins intense, car la couleur leur est étrangère.

N. B. — Cette nomenclature peut suffire pour désigner l'aspect général du ciel, sauf, dans les observations journalières, à tenir compte des particularités exceptionnelles.

En effet, un nuage est composé ou d'un brouillard ou de neige ou de glace. Or, le brouillard vu par réfraction devient couleur de feu et transmet la même couleur aux nuages de neige et de glace qu'il éclaire par réflexion. Autrement les nuages de neige ou de glace vous paraissent bleus, lorsqu'ils cachent le soleil et que les autres nuages sont éclairés; car le bleu est l'ombre du rouge : aussi voit-on le même nuage revêtir, sous nos yeux, la couleur pourpre ou la couleur bleue et la couleur blanc de neige ou blanc de glace, en fort peu d'instants, selon la marche du soleil.

N° XIV.

AURORE BORÉALE

ou plutôt

CRÉPUSCULAIRE,

ET DISCUSSION NOUVELLE SUR LA THÉORIE

DE CES SORTES D'APPARITIONS NOCTURNES.

A. — AURORE CRÉPUSCULAIRE

Du 4 février 1872,

D'après mes observations.

1. Ce jour, dimanche, le soleil à Paris se couchait à 5 heures justes. L'aurore commença à 5 heures 45 minutes, c'est-à-dire que le soleil avait parcouru 11° 25' depuis son coucher. Ce fut une lueur subite que nous prîmes tout d'abord comme la réflexion d'un immense incendie. L'incendie de l'Hôtel-de-Ville et des Tuileries, au 22 mai 1871, avait, au dire de mon fils Benjamin et de son épouse, ainsi que des autres habitants de Cachan (car ce

soir-là nous logions encore rue de Bourgogne, à Paris), avait déterminé une pareille clarté.

2. Le foyer de ce semblant d'incendie partait précisément du coucher du soleil, et s'étendait, en rayonnant, droit jusqu'aux Hautes-Bruyères, qui se trouvent pour nous au levant. C'étaient deux vastes rayons rouges magnifiques et parallèles ; celui qui partait du soleil couchant présentait, au milieu de sa bande, un rayon blanc éblouissant, et ce phénomène a persisté jusqu'à 6 heures et demie.

3. A ce moment, il s'augmentait de deux autres rayonnements également parallèles; la ligne blanche qui se dessine sur le deuxième rayon rouge se prolonge, en même temps que son rayon, jusqu'à la ceinture d'*Orion*, et le rayon rouge suivant jusqu'à *Sirius*.

4. A 7 heures, le tout se modifie : il ne reste plus que les deux premières bandes parallèles émanées du point où le soleil s'est couché et qui s'étendent jusqu'aux Hautes-Bruyères, au-dessous de *Sirius*.

5. De 7 heures à 8 heures, les différents rayonnements rouges se montrent et se déplacent successivement, sur l'espace occupé primitivement par les quatre rayonnements parallèles.

6. A 9 heures 25 minutes, mêmes reflets variables de prolongements, sur le même espace que plus haut. Pendant tout ce temps, ma longue aiguille aimantée n'a donné aucun signe de mouvement.

7. A 10 heures 19 minutes, le phénomène reprend par stries parallèles aux précédents rayonnements, mais plus sensibles vers le côté nord du phéno-

mène, quoique rien n'ait lieu au nord véritable. Cela tient à un grand nuage qui passe et traverse tout le côté sud du rayonnement. A 10 heures 37 minutes, le nuage qui venait du nord vers le sud a abandonné le rayonnement, qui reprend comme auparavant ; le foyer de cette incandescence se trouvant toujours à l'endroit correspondant au coucher du soleil, les rayonnements parallèles étaient réfléchis par des nuages supérieurs aux précédents.

8. A 11 heures, un nouveau nuage, arrivant du nord au sud, se colore en rouge en traversant les rayonnements parallèles dirigés du couchant au levant.

9. A 11 heures 5 minutes, le phénomène disparaît complétement.

10. Évidemment ce n'était pas une aurore boréale que nous venions d'observer : l'incandescence n'avait aucun des caractères que notre vieille école se plaît encore aujourd'hui à lui assigner : nul de ses rayons ne s'étant dirigé vers le nord, et la durée de la clarté s'étant prolongée de 6 heures moins un quart, jusqu'à près de 11 heures environ (pendant près de cinq heures) un immense incendie dure quelquefois un pareil espace de temps. J'attendais donc, avec une espèce d'impatience, l'arrivée des journaux, pour me fixer sur cette question, qui ne fut résolue que deux ou trois jours après, par le récit que nous firent les journaux assez éloignés de la capitale pour n'avoir pu être spectateurs d'un incendie arrivé tout près de nous ; et huit jours

après, par la publication des *comptes rendus hebdomadaires de l'Académie des sciences*. Le phénomène, au lieu d'être terrestre, s'était passé à une certaine hauteur dans les espaces aériens; premier point établi.

B. — TÉMOIGNAGES ACADÉMIQUES,

C'est-à-dire

Adressés à la savante académie.

11. Ces témoignages arrivèrent à l'auguste réunion, sur les ailes de la poste ou du télégraphe, de tous les côtés de notre hémisphère, de *l'île de la Réunion* d'un côté et de *l'Amérique* de l'autre, des divers coins de l'Europe, de Constantinople principalement : l'heure (rapportée à la nôtre) indiquait suffisamment que, dans ces pays lointains, le phénomène avait été vu 45 minutes environ avant nous.

Vous allez vous imaginer que les météorologistes de l'Institut se soient mis à tracer un plan d'observations à recueillir à ce sujet, pour apprendre la limite juste où le phénomène a été visible ; car parfaitement visible à *l'île de la Réunion* (longitude de 53°), il n'avait pas été aperçu à *Colombo* (*île de Ceylan*), 26° degrés de longitude plus loin (79° de longitude) ; ce qui équivaut à une heure 44 minutes en temps. Ces messieurs se sont contentés de transcrire les dépêches, et cela encore en les abrégeant; ils sont trop jeunes en météorologie pour aller plus loin, et trop vieux en servitude pour oser émettre une opinion contraire à celle de certain haut et puissant membre de leur congrégation. Par exemple, ces messieurs ont écouté, à leur fantaisie, le plus grand nombre des dépêches, surtout celles qui paraissaient entachées des principes de notre *nouveau système de météorologie*; et ils les ont toutes transcrites en caractères d'imprimerie minuscules, quand elles n'émanaient pas de la plume élevée de l'un des membres de l'auguste corporation.

Mais de quelque côté qu'elles arrivent, ces communications ne sont rien moins qu'en état d'élucider la question et de résoudre ce nœud gordien de la haute science académique; sur ce point les constructeurs de l'édifice en sont encore à la tour de Babel, à la diffusion des langues; et j'ai tout lieu de croire que les membres et les correspondants ne s'entendent pas entre eux mieux que leurs maîtres eux-mêmes.

Pour les uns ce phénomène émane des orages; et l'auguste membre qui émet cette opinion cite à l'appui les orages de Biarritz, sans doute pour démontrer qu'au temps tant regretté de notre bas-empire, il a eu l'insigne honneur de les voir là-bas de plus près.

Pour certains autres le phénomène pourrait bien tenir à la disparition de l'appendice de la comète d'Encke : sans doute que les rayons s'en seraient détachés, comme si la célèbre comète avait jeté à leur face la queue de sa perruque !

La plupart ont parfaitement noté qu'il leur a été impossible de découvrir la moindre trace de lueur au nord, ce qui n'a pas empêché d'autres de parler de la direction de la lueur vers le pôle magnétique, par une espèce de jeu de mots, qui doit sans doute signifier que le rayonnement atteignait le centre de l'aiguille aimantée ou le traversait; c'était un peu roide, mais du moins le magnétisme y intervenait : *Faciam te benè venire.*

Un autre, à qui l'académie a réservé une magnifique place de divagation, fait intervenir le concours de deux vents contraires, l'inférieur chaud et humide et le supérieur froid et sec; ensuite la vapeur électrisée; puis les protubérances du disque du soleil; ensuite le concours des étoiles filantes; et enfin la théorie d'Elie de Beaumont sur la division du globe en centres cristallins à cinq angles; ensuite le soulèvement magique des montagnes, bien plus rationnel que l'abaissement des parties adjacentes ! Enfin celui-là a su faire entrer toute la physique dans un seul de ses phénomènes particuliers.

Un autre a résumé tout ce qu'en ont écrit les quelques écrivains français, en présentant une carte des étoiles, pour marquer la convergence des rayons du phénomène, point essentiel que cependant chacun a parfaitement remarqué sans avoir besoin de faire graver une carte spéciale; mais cela paraît plus savant.

A tous ces témoignages se joint celui de l'inévitable jésuite, le Père P. Secchi, de Rome, qui fait entrer la phosphorescence dans le phénomène, et puis divise le phénomène en couronnes d'émission des rayons lumineux. En ce moment, il passait sans doute un nuage interrupteur sous les yeux de l'observateur ; nous l'aurions vraiment prié de s'essuyer les yeux pour voir que, sur ce point, il ne s'agissait pas de couronne simple ou triple.

C. — COMME QUOI MESSIEURS DE L'ÉTEIGNOIR

Académique

En sont arrivés à laisser passer quelques-uns de nos principes, sans doute malgré eux.

12. Mon vieil ami feu Saigey me disait souvent : « Dans toutes vos découvertes, mon cher ami, il faut vous attendre à marquer trois époques : 1° l'apparition stupéfiante (pour ces messieurs entre eux) ; alors personne n'en parle que dans le tuyau de l'oreille ; les journaux ont ordre de n'en rien dire, chut partout en France ! 2° quand l'Allemagne les traduit : oh ! alors, mon doux Jésus commence à tout révoquer en doute, et les journaux brodent ce charivari ; 3° quand, après tout ce bruit, il se fait un grand silence : on attend un instant ; et puis il survient un modeste plagiaire qui vient lire son travail à la doctissime assemblée ; laquelle vous laisserait

crier, si l'envie vous en prenait; ce qui ne vous arrive guère.

13. Or nous voici parvenus à la 3ᵉ période prédite par Saigey : vous n'aurez probablement pas perdu de vue qu'Arago avait dénoncé à Napoléon le grand Lamarck, qui, dans ses passe-temps, s'amusait à se gratter la tête pour chercher à débrouiller la *prévision du temps*. Par la même occasion, le même jeune avorton en astronomie dévoilait au même auguste empereur le grand Lalande comme athée, le grand Fulton comme fou, le grand Brunet sous la Restauration comme imbécile, et sous Louis-Philippe les chemins de fer comme des amusements d'enfant; et à chacune de ces incartades les journaux assermentés s'écriaient : Qui en douterait, quand Arago l'a dit ? *magister dixit*.

Enfin vous vous rappellerez un peu mieux cette scène de l'académie où Régnault et Biot surtout s'élevèrent, avec une espèce de fureur, contre quiconque oserait se mêler de *prédire la pluie et le beau temps* d'après les influences de la lune. Il y avait déjà huit ans que nous ne faisions que cela, au grand contentement de nos lecteurs. C"était juste au moment où Mathieu (de la Drôme), obéissant à la voix de son idiot d'empereur, tâchait de faire oublier nos principes à la faveur des *tam-tam* que la *presse* lui donnait : avec les grands noms d'Alexandre Dumas et de tous les salariés de l'époque. Tout cela a passé comme un souffle. Il faut lire à ce sujet les différentes séances qui suivent celle du

12 novembre 1855 (*comptes rendus hebdomadaires*, tom. XLI), où tous ces grands querelleurs se sont pris presque aux cheveux, avant de répondre au ministre de la guerre qui les consultait sur un projet d'établissement météorologique en Algérie. Ce fut bien pire que l'époque de la querelle qui s'est établie entre M. Frémy et le petit et jeune M. Pasteur, qui a toujours tort et se débat pour avoir l'air d'avoir raison : c'était bien plus tard, il est vrai, en 1872 ; on se serait cru, dans les deux cas, au temps, où, dans leurs querelles, leurs devanciers se jetaient leurs perruques au visage.

14. Nous voici donc arrivés, en fait de *prévision du temps*, à la troisième époque de la science qui manie l'éteignoir :

Nous avons établi en 1855 * que l'atmosphère, à qui nos savants ne donnaient que 16 lieues d'étendue, avait ses marées, comme l'océan liquide ; nous avons transcrit ce grand principe dans notre *Almanach météorologique* de 1866 **. Voilà 17 ans pour la première date, et 6 ans pour la deuxième. Voyez du reste les comptes rendus tom. LXXV, pag. 38, pour l'admisssion de nos nuages de neige.

15. Or pour l'adoption de nos *marées atmosphériques*, on peut les voir adoptées, entre autres pages, aux pages 556 et 557 du tom. LXXIV *des comptes*

---

* *Revue complémentaire des sciences appliquées*, etc.; par F.-V. Raspail, tom. Ier, pag. 42, 142, 171, etc., 1855.

** Prévision du temps.—*Almanach et Calendrier météorologique* pour l'année 1866, pag. 122.

rendus hebdomadaires des séances de l'Académie des sciences (19 février 1872).

16. Et pour tout notre *système de météorologie*, il faut voir avec quelle largeur de conquête un M. H. de Parville y puise comme dans son bien. C'est vraiment curieux à lire * ; nous en avons été ébahis : et pourtant tout cela a défilé en silence sous les yeux de Minerve. Cela ne se serait pas passé de la sorte, si notre nom s'y était trouvé prononcé ; l'éteignoir aurait glissé sur le tout, comme à l'ordinaire.

17. Au reste vous allez en juger vous-mêmes par quelques citations :

1869 *Avril* 3, *aurore à Thurso, lunistice* **.
— 9, *aurore dans le nord, apogée.*
— 15, *aurore en Angleterre, lunistice.*
Mai 13, *aurore, coïncidence de la déclinaison****.
Septembre 24, *belles aurores, équilune.*

---

* *Comptes rendus hebdomadaires des séances*, etc. tom. LXXIV, pag. 724 et 725 (11 mars 1872).

** Nous écrivons, nous, *lunestice* d'une manière bien plus conforme à l'étymologie de *luna*, *lune* ; seulement nous découvrîmes, beaucoup plus tard, ce qu'aurait ignoré sans nous toute la bande académique, que Lalande avait eu la même idée que nous et que Lamarck l'avait adoptée, et nous citâmes le mot, tel qu'il avait été écrit par eux, *lunistice*, tout en conservant le nôtre comme plus rationnel ; c'est là que M. de Parville a pris connaissance du fait.

*** Ici l'auteur a pris notre définition, mais pas le terme de *conjugaison* par nous adopté.

7.

et ainsi de suite, dans un catalogue qui prend quarante lignes, avec toute la nomenclature que l'on trouvera sous le nom de *points lunaires*, au bas de chaque mois de notre *triple calendrier*.

Ce brave copiste est digne de succéder à Turpin, Brongniart, Guibourt et surtout à Payen qui est mort, après le double siége, ou le Prussien Wirchow, ou bien à tant d'autres plagiaires bien connus.

Le brave élève de mon doux Jésus casse un peu les vitres, en citant ses dates qui ne remontent guère à 1864 ; nous pouvons répondre à ce bon monsieur que ce plagiat s'y prend un peu tard ; car notre publication de la *Revue complémentaire*, où toute cette nomenclature se trouve démontrée, date du mois d'août 1854. D'un autre côté la date de 1864 est une erreur de chiffre ; car il n'y a pas 6 mois (aujourd'hui février 1872) que le brave copiste n'avait pas encore reçu *ordre officiel* d'endosser l'habit honteux de plagiaire.

Quelle engeance que les corps académiques ! cela ne sait rougir de rien ; ma foi, j'ai dit le mot, et je m'en lave les mains.

Maintenant laissons ces Pasquins de côté et revenons à la question du phénomène, qu'il nous reste à étudier hors de leurs divagations.

D. — RETOUR A LA SIMPLE ET BONNE NATURE

de ces savantes aberrations ;
et démonstration de la théorie
des
AURORES BORÉALES.

18. Nous allons procéder à la démonstration, à la manière des logiciens, par un enchaînement de prémisses et de conclusions :

ARTICLE PREMIER.

Aucun des phénomènes lumineux de la nuit, que l'on est convenu d'appeler AURORES BORÉALES, ne peut avoir lieu en l'absence de nuages *réfléchisseurs*.

Lorsque le ciel est pur et magnifique, nulle aurore ne se montre, ni au lever ni au coucher du soleil, qui, dans ce cas, se lève et se couche avec son disque aussi blanc et éblouissant et avec le même diamètre presque qu'à l'heure de midi, dans la journée d'un beau jour. J'en cite des exemples pris dans les jours de cette année :

1° le 2 décembre 1871, le matin à son lever ; le 8 février 1872, à 7 h. 8 m. (Le lever du soleil avait lieu ce jour-là à 6 h. 47 m.) ;

2° Le 12 février suivant, le soleil se levait aussi blanc qu'à midi, et l'aurore boréale se montrait au couchant, ce qui arrive souvent par le déplacement des nuages ;

3° Le 28 février suivant, l'aurore nulle à l'est, vers 6 h. 45 m., se montre radieuse, au couchant, par la présence d'un nuage moutonné ;

4° Le 3 mars 1872, le soleil s'est couché à 5 h. 44 m., aussi blanc qu'en plein midi ; mais à 6 h. juste, il part du couchant une aurore qui se projette, avec une influence de rayons roses jaspés par les nuages, jusque vers l'étoile polaire ; tout s'est éteint vers 6 h. un quart ;

5° Le 4 mars suivant, par un ciel magnifique, le soleil se couche blanc et radieux, vu à travers les feuilles des arbres.

6° Idem le 5 mars suivant, ciel magnifique et soleil se couchant brillant et blanc.

7° Le 6 mars suivant, par un ciel magnifique, disque du soleil aussi pur, en se levant, qu'à midi. Le soir même ciel et même coucher du soleil. Toute la journée absence complète de nuages ;

8° Le 11 mars suivant, journée également magnifique, même coucher du soleil avec son disque blanc et éblouissant ;

9° Idem pour le lever du soleil le 13 mars ; point de nuages, point d'aurore ; idem le 26 mars ; et ainsi de suite toutes les fois que le ciel est pur de nuages ou de brouillards.

19. Mais que le ciel s'asperge de nuages, le matin avant le lever du soleil ou le soir à son coucher, et vous aurez une aurore *matinale* avec ses *doigts de*

rose, ou une aurore *crépusculaire*, variant son doigtier selon la forme des nuages qui réfléchissent sa lumière, et qui prennent le nom *d'aurores boréales*, quand le phénomène se prolonge trop longtemps dans la nuit.

ARTICLE DEUXIÈME.

20. Que le matin ou le soir, quelque temps avant le lever du soleil ou quelque temps après son coucher, le ciel, au levant ou au couchant, soit moutonné de nuages, brouillardé de vapeurs, digité ou panaché en stries divergentes ou festonnées de diverses façons, et votre âme se recueillera, en face de deux spectacles qui peuvent, en certains cas, arriver jusqu'au plus beau sublime, par l'éclat de la couleur et le prestige de la forme ; vous aurez le matin et le soir deux aurores opposées mais égales, une *aurore matinale* ou une *aurore crépusculaire*, dirigeant leurs *doigts de rose* vers le sud ou vers le nord, et souvent en lettres de feu, ondulées de toutes les façons imaginables, jamais les mêmes, toujours nouvelles.

Pourquoi ne sont-elles pas toujours des *aurores boréales* ?

D'abord parce qu'elles passent trop vite ; et ensuite parce qu'à ces deux époques, elles tiennent de trop près au soleil et ne sont pas assez savantes et sujettes à discussion. Nous en avons eu de telles, le soir après le coucher du soleil, que nous aurions pu décorer du nom *d'aurores boréales*, sans risque d'être critiqué :

Le 8 février 1872 à 5 h. 30 m. (Le soleil se couchant à 5 h. 6. m.);

Le 11 — — à 5 h. 30 m. (le soleil se couchant à 5 h. 11 m.);

Le 17 — — à 5. h. 30 m. (le soleil se couchant à 5 h. 21 m.);

Le 25 — — à 6 h. 17 m. (le soleil se couchant à 5 h. 34 m.);

Le 3 mars — à 6 h. juste (le soleil se couchant à 5 h. 45 m.);

Le 13 — — à 6 h. juste (le coucher du soleil à 6 h. 1 m.);

Le 15 — — à 6 h. environ (le coucher du soleil à 6 h. 4 m.);

Le 16 — — de 6 h. à 7. h. (le coucher du soleil à 6 h. 6. m.);

Le 18 — — à 6 h. environ (le coucher du soleil à 6 h. 9 m.);

Le 22 — — de 6 h. 5 m. à 6 h. 18 m. (le coucher du soleil à 6 h. 15 m.);

Le 29 — — à 7 h. 15 m. (le coucher du soleil à 6 h. 25 m.);

Le 17 juin — à 8 h. 25 m. (le coucher du soleil à 8 h. 4 m.);

Le 22 — — à 8 h. juste (le coucher du soleil à 8 h. 5 m.);

Le 2 juillet — vers 9 h. (le coucher du soleil à 8 h. 4 m.).

Ce dernier coucher du soleil pouvait être classé, par les savants académiques, au nombre des plus belles aurores boréales ; elle a duré de 9 heures à 9 heures 20 m.

Imaginez-vous une immense couronne de chêne de nos monnaies, prenant naissance au couchant du jour et entr'ouverte à son sommet, qui atteignait le zénith, éclairée en rose à l'intérieur et voyageant tout d'une pièce, par un vent nord, à travers un ciel blanc et moutonné sur bleu ; nuages presque immobiles en apparence ;

A 10 heures du soir un autre nuage a pris la même direction, ayant en quelque sorte la forme de la Sioule (Puy-de-Dôme), que j'ai devant les yeux en ce moment, avec le tracé de tous ses sept à huit affluents parallèles jusqu'à Olby ; ces affluents légèrement teintés de touches rosées.

Je termine la liste de mes observations de ce genre.

ARTICLE TROISIÈME.

21. D'un autre côté, point d'AURORE BORÉALE sans un nuage *réfracteur*. Avez-vous remarqué les jours où le disque du soleil, approchant de son couchant, vous apparaît rouge de feu et pour le moins ayant un diamètre apparent trois fois plus grand qu'à midi ? cet aspect lui vient de l'interposition d'un brouillard de l'horizon entre le soleil et nous ; c'est là un nuage que j'appelle *réfracteur*. Qu'un nuage

analogue de glace s'interpose ainsi un peu au-dessous de l'horizon, et vous aurez une aurore *crépusculaire* où *boréale*, selon que la réfraction aura lieu par une facette ou une autre de l'immense cristal ; qui voyage dans l'espace, où le soutient l'hydrogène, lequel a présidé à sa cristallisation, selon enfin que le rayon réfracté restera sur la ligne parallèle à l'axe de l'astre, ou en déviera vers le nord.

22. Maintenant, quant à la durée du phénomène et à l'étendue de sa projection sur la surface de notre terre, ces deux points de la question varieront d'après la hauteur à laquelle le soleil couchant atteindra le nuage réfracteur ou de glace. A une certaine hauteur, le phénomène pourra arriver aux yeux sur toutes les portées de notre hémisphère : de l'Amérique du Nord jusqu'à l'île de la Réunion ; et être *crépusculaire* ou *boréale* pour la première et *australe* pour la seconde.

23. Quant au magnétisme et à l'électricité à qui l'Académie de l'éteignoir (*esbestèrion* en grec) fait jouer le rôle de cause, le sage doit placer, tout au plus, ces deux modes de transmission de la chaleur au nombre des effets plus ou moins accessoires d'une telle réfraction de la lumière solaire.

Si en effet le télégraphe devait être pris comme moyen de vous indiquer d'avance le phénomène, chaque fois qu'il divague dans ses indications, le phénomène devrait se reproduire à chaque divagation nouvelle, à moins qu'il y ait, dans ce monde, certaines causes sans effets.

Or rarement il survient une *aurore crépusculaire* ou *boréale*, à la suite de ces fréquentes divagations télégraphiques ; et, pendant toute la durée de l'aurore du 4 février dernier, mes aiguilles aimantées, petites ou longues, n'ont pas donné le moindre signe de mouvement.

RÉCAPITULATION ET APPLICATIONS.

24. L'aurore du 4 février 1872 a été une aurore éminemment *crépusculaire*.

25. Elle avait son foyer dans la lumière du soleil, ainsi que toutes les aurores possibles, soit celles du matin que le jour dissipe vite, soit *crépusculaires* que l'arrivée de la nuit met en évidence.

26. Dans ce dernier cas, l'aurore a lieu par la réfraction de la lumière solaire au travers d'un nuage de glace, dont les rayons viennent se réfléchir sur des nuages situés au-dessus de l'horizon.

27. L'aspect indéfiniment variable du phénomène se modifie selon la forme du nuage *réfracteur* et le nombre des nuages *réfléchisseurs* ; ce qui a fait que cet aspect a varié indéfiniment, le 4 février, en changeant d'horizon ; les nuages réfléchisseurs variant de forme et en nombre à chaque station différente.

28. Le rayon blanc qui s'est accusé si bien en France, ce jour-là, provient de la rencontre, sur le trajet de la lumière, de deux surfaces parallèles du nuage de glace, qui, si épaisses qu'elles soient,

laissent passer le rayon lumineux aussi pur que si le cristal n'existait pas ; prenez un cristal à deux surfaces parallèles, et, si épais qu'il soit, il vous reproduira le même effet.

29. Cette aurore aurait pu être tout aussi bien *boréale* qu'*australe*, si le nuage *réfracteur* avait imprimé à la déviation lumineuse la direction vers le nord ou vers le sud.

CONCLUSION GÉNÉRALE.

J'ai fini ma démonstration, mes chers lecteurs ; je vous la livre, à vous hommes de sens et de bonne foi ; m'important peu de l'opinion de ces hommes à éteignoir, greffé sur le jésuitisme, et qui font semblant de flatter tout pouvoir qui change. *Esbestèrion* *, mot académique, que les Grecs semblent avoir composé avec l'article et le mot français. Les corps semblables, en général, ne vivent que de querelles entre eux et de plagiats envers ceux dont il leur est défendu de suivre les doctrines ;

Servum pecus. (Hor.)

* *Esbestèrion* en grec : éteignoir ; vous pourrez dire ainsi, en bon français, les *besteries* académiques ; permettez-moi cette drôlerie, fort innocente.

N° XV.

LES MŒURS
DE
L'HIRONDELLE,

EXEMPLE DE L'ÉGALITÉ ET DE L'HUMANITÉ

DANS UNE DES RÉPUBLIQUES DES OISEAUX.

Les naturalistes vont se croire sans doute au courant de tout ce que j'entreprends de vous raconter; j'ose vous dire qu'ils se trompent : et je continue sans trop m'arrêter à cette prétention : je commence par les mœurs de l'hirondelle adulte et nubile.

Je ne vous dirai pas tout d'abord si les deux conjoints se marient avec ou sans prêtres; mais si le prêtre existe parmi ce peuple si ami de la belle nature (car où le prêtre ne se fourre-t-il pas?), il doit s'y être marié selon l'usage de tout le monde. Le mariage en effet est le seul moyen de perdre l'habitude de déranger le ménage du voisin. Mais ce qui nous paraît plus que certain, c'est qu'il ne confesse pas la voisine, ce qui serait bien près de lui faire un bout de cour. Du reste on n'a jamais vu aucune hirondelle, reniant son élégant plumage, se masquer d'une aube, d'une chasuble, de deux étoles et se coiffer d'un bonnet en moule de pain de sucre, pour venir leur dire quelques mots dans une langue que nul d'entre eux n'entendrait.

Tout ce quiproquo de la vie pieuse leur est complétement inconnu; et ils honorent le Dieu de la nature, sans tous ces embarras.

Ils s'épousent parce qu'ils s'aiment, et non pour la dot et le trousseau, car ils ont tous la même chose; la nature leur donnant l'habit, le vêtement et la nourriture; dès lors pas plus de maire que de notaire pour enregistrer un Oui. Les parents n'interviennent que quand tout est consommé, preuve irréfragable que les deux se conviennent; et c'est pour longtemps, c'est jusqu'à la mort même qu'ils peuvent croître et multiplier ainsi.

Le ménage une fois formé se met aussitôt à se faire un chez soi; il imite en cela l'exemple de ses pères. Il procède, comme eux et tout près d'eux, ni plus ni moins qu'eux : tout ce qu'il faut pour bien vivre, pas plus qu'il ne faut. Ici point de paradeurs, encore moins de breloques; la nature organisant l'habit à tous le même, y ajouter ce serait se faire souffrir : déjà tous égaux par le costume, tous aussi élégamment beaux par l'habit, nul ne désire davantage; que pourrait-il sous ce rapport imaginer de plus assorti?

A l'œuvre donc, mes petits travailleurs, ce n'est pas le courage qui vous manque ; même œuvre pour tous avec le même outillage et les mêmes matériaux : un mur, une poutrelle de plancher, c'est la fondation pour toute la fraction républicaine ; il n'y a pas l'embarras du choix ; l'outil avec leur bec qui leur sert de truelle ; les matériaux avec l'argile que les lombrics, ces enfants, comme eux, de l'égalité, leur ont tamisée et préparée dans leurs entrailles et qu'ils sont venus, les jours de pluie, disposer en petits tas, hors des trous qu'ils ont faits en creusant. Nos hirondelles gâchent cela avec leur bec et des petits brins de paille qui solidifient la bâtisse, et un peu de salive qui agglutine le tout en guise de ciment ; et le nid est terminé à l'extérieur.

Quant à l'intérieur, un peu plus de façon : à la paille se joignent des branches de plantes odoriférantes, dont les émanations assainissent en prévenant la moisissure et tenant à distance les infusoires malfaisants ; et la surface revêtue de plumes ramassées dans les airs et lavées, à cette hauteur, des miasmes de la terre.

Maintenant que la couvée arrive ; elle sera la bienvenue ; tout est prêt pour la recevoir.

En l'attendant on voit les habitants se lever dès la pointe du jour, pour parcourir à tire d'aile le matin et le soir au-dessus du miroir des eaux, ou bien, et cela à l'approche de la pluie ou des orages, le haut ou le bas des couches d'air, selon que les insectes, leur unique gibier, y montent ou descendent ; leur banquet est une chasse, et nulle part réservée : pas même pour le roi, je me trompe, ils n'en ont pas, mais pour le gouverneur qu'ils se sont nommé par l'acclamation : *au plus digne*. Ils la dévorent et la digèrent sur place ; ils s'en approvisionnent pour leur couvée et pour la couveuse chérie : cette portion de la chasse ils la portent au bout du bec, comme un pain béni ; ou bien ils la déposent dans leur gésier, pour les jours de jeûne et en attendant l'arrivée de la pluie ou de la rosée.

La couvée survient enfin au gré de leur impatience et en même temps un changement se fait dans le ménage : dès ce moment, un seul des conjoints vole à la chasse, c'est le père ; et il en revient de temps à autre apporter la becquée à la mère et plus tard aux chers petits enfants ; et il ne reprend sa volée, que lorsque du bord du nid sur lequel il se tient perché, il s'est assuré, et de droite et de gauche, qu'il n'existe aucun danger dans les environs pour son trésor d'amour et d'espérance. Une fois que les petits sont emplumés et devenus capables de faire, sans trop d'effort, un petit bout de volée : on voit la nichée venir sous la conduite de leurs parents, se ranger sur un cordon d'architecture ou tout autre cordon, s'y aligner comme au port d'arme et sans bouger de position, et attendre que tour à tour, le père et la mère viennent leur distribuer le produit de la chasse, et puis, quand ils sont suffisamment repus, les ramener au logis.

Pendant ce temps les plumes achèvent de leur

pousser ; et un beau jour, devenus presque égaux à leurs parents, ils vont se suffire, comme eux, au même banquet de la vie, pour y croître et y multiplier, comme l'ont fait leurs pères.

On les voit alors, sur l'exemple de tous, battre des ailes et élargir la queue pour monter, rapprocher une aile pour tourner, les deux pour descendre, sous un angle plus ou moins ouvert selon la vitesse qui leur convient.

Dans un peuple si doux, où pourrait donc se glisser un des vices qui rendent le séjour des hommes si dégoûtant à vivre ?

L'ADULTÈRE ? le nid n'a de place que pour deux ; le père veille pendant que la mère couve ; avant la couvée les deux époux volent ensemble et nul ne reste seul et oisif ; malheur au célibataire qui se ferait servir !

LA JALOUSIE ? Quand chacun est heureux en ménage, la jalousie ne s'établit nulle part ; deux partout ensemble, où serait le troisième ?

L'IVROGNERIE ? Ce vice n'existe que chez l'homme qui ne travaille pas ; ne comparez jamais l'ivrogne à la BRUTE ; c'est la BRUTE que vous calomnieriez. Ici, chez les animaux, le travailleur produit en digérant assez d'alcool, dans son estomac, pour qu'il ne sente pas le besoin d'avoir recours aux alcooliques ; chacun y marche droit et fier.

L'homme sauvage lui-même a été à l'abri de ce vice, tant que le chrétien civilisé ne le lui a pas importé ; c'est maintenant à la philosophie, douce écolière de la nature, à déraciner le vice du christianisme ; et il arrivera cet heureux jour où chacun montrera du doigt l'homme descendu jusqu'à l'ivrognerie.

Le voyageur dans les plaines de l'air, c'est l'équivalent du voyageur à travers les montagnes : si celui-ci porte avec lui de l'eau-de-vie, c'est comme remède et jamais comme boisson ; l'eau d'une source pure est pour lui la plus douce des boissons.

La vengeance ? De qui auraient-ils donc à se venger, dans ce règne de justice et d'égalité ? ayant tous les mêmes vivres dans les airs et le même habit, œuvre de la nature, aussi élégant pour l'un que pour l'autre, où trouveraient-ils un personnage se pavanant au milieu d'eux de quelques avantages inconnus aux citoyens ses frères ? enfants égaux de la même nature, ils la bénissent tous les matins, et n'ont jamais pensé à en faire un démon égorgeur sous le nom du *Dieu de la vengeance* ; ; ils n'ont ni prêtres ni juges qui leur prêchent la *vindicte publique*, ni nos bourreaux pour trancher le cou à qui aurait exercé la *vindicte privée*.

Le mensonge ? Cette vertu des diplomates chrétiens, ils l'ignorent de la manière la plus complète ; on ne trompe que pour voler, et que pourraient-ils donc se voler ces charmants voltigeurs de l'air, eux qui possèdent tous les mêmes choses ?

Quant à l'égorgeur dans sa propre race, cet être abruti de rage et de vindication, fi donc ! pour qui prenez-vous ces aimables petites bêtes ? c'est bon pour vous, hommes qui osez vous dire les rois des animaux, et qui en êtes arrivés à manger même vos semblables, même vos concitoyens. Ici on s'aime, on se pardonne un choc involontaire, une fausse rencontre : on ne se tend pas le poing pour un *oui* et pour un *non*, pour un regard de travers, ou pour s'être marché sur les pattes; on sait trop ce que vaut et ce que coûte la vie pour la jouer ainsi, sur un point tout petit. Enfin lorsque l'heure du départ a sonné à leur horloge, et que la voix de leur roi (ah ! pardon, ce vilain mot vient encore se placer sous ma plume comme pour se moquer de moi), lorsque la voix de leur maire leur annonce leur voyage, ce qu'ils entendent distinctement à votre insu, les voilà tous rassemblés dans le voisinage et au repos ; et dès que tous les membres du conseil de la communauté ont répondu : *Au grand complet!* le maire et les conseillers prennent la tête, et la bande s'échelonne dans les airs, avec ordre et mesure ; les voilà tous partis.

Mais où vont-ils ? là est la question, que les naturalistes ignorent, eux qui savent tout et encore quelque chose ; et pourtant elle vaut bien la peine d'être résolue: car enfin cette innombrable multitude d'émigrants qui nous quittent au mois d'octobre, s'ils se répandaient quelque part dans des contrées plus chaudes, ne pourraient pas échapper de la sorte à l'attention des observateurs, qui les recherchent en vain dans toutes les contrées intertropicales.

Je pense en conséquence, sauf la preuve du con-

8.

traire, qu'ils ne vont pas si loin, et qu'ils se contentent de se blottir, une fois le gésier ou ventricule plein de vivres, dans le fond des anfractuosités des montagnes qui doivent se couvrir de neige; car la neige préserve du froid et de ses variations; et là, sous une température toujours égale et qui permet de dormir et de digérer lentement, les hirondelles, sans crainte des ennemis de leur race qui ne se glissent pas si haut pour s'approvisionner, dormiront pour ne se réveiller qu'au changement constant de la température, comme fait tout autre animal hivernant; et elles retourneront, en escadrons joyeux, vers les lieux qui les ont vues naître, pour y gazouiller en chœur le chant du retour.

Revenons enfin, avec eux, à nos charmants amis. Ne pensez pas que tout soit bonheur dans la vie, pour ces douces créatures; est-il sur la terre une vie qui ne soit tôt ou tard un combat? est-il quelqu'un qui n'ait pas tout près de lui un animal d'une autre race et qui ait besoin d'une chair étrangère, pour en vivre à son tour? On évite, on se défend et l'on succombe; l'existence est un tourbillon où l'on se choque contre quelqu'un ou quelque chose, où le vainqueur de la veille est le vaincu du lendemain, et où la mort vient briser, avant le temps, les liens les plus doux, les plus dignes d'être durables; et alors commencent, pour eux comme pour nous, les pleurs et grincements de bec de celui qui est condamné à continuer la vie et qui attend à son tour les coups du sort.

L'exemple suivant se distingue, dans la foule, par
des circonstances qui vous touchent le cœur; vous
allez croire que ce récit est de l'ordre des fables ;
vous vous tromperiez : si c'était une fable, je l'au-
rais mise en vers; et comme nous l'avons vue de
nos yeux, jour par jour, je vous la dis en prose,
qui est la langue de la réalité des douleurs parta-
gées.

Or donc, au retour du sommeil de l'hiver, un
couple d'hirondelles était venu prendre son billet de
logement d'amour dans un antique nid situé contre
la poutre d'un hangar, le seul qu'eût oublié de détruire un riche propriétaire qui n'aimait point ces
petits oiseaux, et que conservait avec soin la bonne
dame d'un propriétaire plus pauvre et plus ami des
petits, et qui avait ses fenêtres au-dessus de ce
petit ménage ainsi isolé de tous les autres.

On voyait les deux époux nouvellement unis partir le matin et revenir le soir, en gazouillant leurs
amours, dans leur demeure solitaire, et s'y endormir l'un contre l'autre, après une ou deux folâtre-
ries de leur âge.

Le jour de la couvée étant arrivé, la mère reçut
deux baisers de plus, et le père partit seul pour la
chasse commune, et il en rapportait de temps en
temps tantôt quelques plumes de plus pour en jon-
cher le nid qui devait devenir berceau de la petite
famille, tantôt une becquée de petits insectes pour
la mère de ces futurs petits amours. Chaque soir,
au lieu de rentrer dans la nichée et crainte d'ap-

porter un fâcheux désordre à l'arrangement pris par sa compagne, le mâle se perchait sur le bord du nid et en couvrait l'entrée de son corps; et la mère pouvait dormir tranquille, pendant que son époux veillait.

Mais un jour, jour fatal, l'époux survient au nid le bec plein des produits de la chasse... grand Dieu, qu'était-il arrivé ?..... la mère n'y était pas ! le père tâche de l'y remplacer, attendant, avec la fièvre de l'impatience, le retour de son amie absente, et se consolant de cette absence imprévue en réchauffant ses œufs ainsi abandonnés et les yeux tournés vers le ciel, pour la voir revenir. Mais rien, rien ne revient;... le chagrin en général baisse la tête !... Mais qu'est-ce donc ? que se passe-t-il? qu'aperçoit-il en bas ?... celle qu'il attendait d'en haut gît à terre et ne bouge pas de place. Il y vole..... elle dort et reste sourde à sa voix auparavant tant aimée... il cherche à la ranimer en lui soufflant la vie de tous ses poumons... elle était morte, de la griffe d'un ennemi, et morte à n'en plus douter; il a beau la soulever, la couvrir de ses baisers brûlants d'amour, rien ne répond plus à sa tendresse qui déborde.....

Il en était fou... et fou de regrets et d'espérance, fou de deuil et d'amour.

Et dès ce moment, il ne quitte plus ses œufs qu'il cherche à réchauffer de sa chaleur stérile et impuissante, oubliant que, dans sa race, c'est la mère seule qui a la force d'allaiter la famille future de ses saintes émanations.

Il ne bouge plus de son nid que pour aller un

nstant, le plus court des instants, faire sa provision à la chasse pour lui et pour ses petits, s'ils venaient à éclore ; et encore, quand ses grands parents tardaient trop à apporter la becquée au pauvre insensé, qu'ils aimaient tant.

Il attendit ainsi une semaine et plusieurs semaines ensuite ; il venait, en gazouillant sa douleur, se percher tristement sur le crochet d'une sonnette, pour se délasser quelques instants, prenant ainsi à témoin de sa fidélité les dames et les messieurs témoins de sa douleur et d'une si douce folie.

Mais un jour le marasme le ramena à la raison ; il prend aussitôt le chemin de la tombe de ses ancêtres, pour s'endormir à son tour du sommeil des justes, dans la fosse commune où reposent, depuis des siècles, ceux qui ont passé sur cette terre en l'embellissant, chacun selon sa race, du tribut de ses amours qui créent à leur tour.

* Lorsque l'animal quelconque, à l'état sauvage, sent venir a dernière heure, soit par suite de vieillesse, soit par maladie, ilse met à creuser, de ses pattes ou de son bec, jusqu'à ce qu'il etrouve la faille profonde qui conduit à la fosse où reposent ses aïeux, et où il s'endort comme eux jusqu'au jour où la main des hommes, en fouillant ces couches profondes, vienne à mettre à découvert ces restes des siècles passés et qui n'ont plus un seul représentant dans le monde d'en haut. Et là-bas, dans ce délicieux enfer (*apud inferos*), ils ont rendu, jour par jour, instant par instant, à la mère commune, les éléments du sol qu'ils s'étaient assimilés pour vivre sur la terre : ils s'y sont *fossilisés*, loin de toute insulte du passant et pour satisfaire pieusement à une sainte loi de la nature : אָמֵן... אָמֵן;... mot juif que les catholiques écrivent *amen, amen*.

8.

N° XVI.

LE VÉSUVE ET LES INONDATIONS

ou

LE FEU AMÈNE L'EAU.

1° *Le Vésuve en fureur.*

Dès le 23 avril les instruments de l'observatoire, placé sur les flancs du Vésuve, avaient averti le professeur Palmieri de l'approche d'une éruption; et la nouvelle avait attiré beaucoup d'étrangers du côté de l'observatoire et vers *la torre de greco.*

Mais ce que le professeur Palmieri ne pouvait pas prévoir, c'est l'intensité du phénomène ; le 26, auprès de l'observatoire un bruit étonnant se fait entendre sous les pas des spectateurs ; la foule poussait déjà des cris de désespoir, quand, à la suite d'un tremblement de terre d'un sinistre augure, un gouffre immense s'ouvre en jetant des flammes, et deux cents personnes y tombent dévorées par le feu : des cris d'épouvante suivent un tel *auto-da-fé ;* on s'enfuit comme en masse, on se renverse, on passe sur ceux qui tombent en glissant sur la pointe de ces rochers d'anciennes laves, et l'épouvante vient réveiller la population de Naples qui avait vu partir cette foule dans les transports de la joie.

On accourt de tous côtés au secours des blessés.

Jamais, de mémoire d'hommes, on n'avait vu un plus beau spectacle engendrer un aussi formidable malheur.

Le Vésuve en cet instant lançait ses projectiles à plus d'un kilomètre de haut, ce qui, joint à la hauteur de l'ancien cratère (1,198 mètres), élevait dans les airs des masses en fusion à 2,200 mètres au-dessus du niveau de la mer (près d'une demi-lieue).

Le vent soufflant par sud, les cendres projetées par le volcan, et le tonnerre qui éclatait de temps à autre, arrivaient jusqu'à Capoue qui se trouve à une lieue de Naples vers le nord ; et dans plusieurs endroits des environs, ces cendres formaient une couche de plusieurs centimètres d'épaisseur.

Le 29 tout s'apaisait en grondant encore ; et les habitants de Naples promenaient en procession leurs *santi-belli* pour les amener à calmer leur colère et leur soif de sang humain.

2° *Les inondations consécutives.*

Et vous penseriez qu'une telle révolution, établie à une aussi grande profondeur dans les entrailles de la terre, capable de mettre en fusion les roches les plus compactes, les plus dures et de les lancer incandescentes à une telle hauteur dans les airs, n'agirait qu'à quelques lieues autour de son foyer immense! ce serait admettre une cause sans effet.

Une chaudière bouillante de ce volume, animée par le souffle du vent du sud, a dû envoyer dans les airs des contrées du nord de l'Europe, et par ricochet sur les montagnes de l'Atlas, des bouffées incendiaires capables de fondre les glaciers où s'alimentent les grands fleuves de la Suisse, de notre France, de l'Espagne, de la Bohême, etc., de telle sorte qu'il en soit résulté de tels débordements d'eau que toutes nos plaines en aient été submergées, à l'instant du sommeil des habitants, qui s'enfuyaient sur les hauteurs, pendant que l'inondation emportait, pêle et mêle, les hardes, les meubles et les bestiaux. Or, cette débâcle a eu lieu à partir du 7 à 8 mai, quelques jours après le déploiement de cette vaste chaleur.

De là les inondations de la Loire, du Gier près de Givors, du Rhône, de la Saône, du Doubs, de la Garonne, du Rhin, du Tage, du Danube, etc.

La bouilloire en feu a fait fondre les glaçons et les glaciers des hautes montagnes de l'Europe.

N° XVII.

CAUSE INATTENDUE

DE

NOUVELLES INONDATIONS.

Les deux mois de juillet et d'août ont remplacé leurs *jours caniculaires* par d'indicibles inondations, aussi destructives que celles qui ont suivi l'éruption du Vésuve. Comme chaque phénomène météorologique émane d'une cause qu'il s'agit de déterminer, quand elle sort de la classe des causes régulières, cherchons, autour de nous, d'où ont pu émaner ces avalanches d'eau.

Dès le mois de juillet 1872, les journaux nous ont appris qu'à New-York (Amérique), la chaleur s'est élevée jusqu'à 95° Farenheit (36° centigrades) habituellement et même à 104 Farenheit (40° centigrades) et cela à l'ombre. Elle a duré par une sécheresse constante, qui a mis à sec les fleuves et les rivières et causé une effrayante mortalité.

Évidemment on ne peut méconnaître, en ce phénomène, l'œuvre du dard d'une comète, qui s'est appesanti sur cette malheureuse région.

— 142 —

Or, nous avons établi assez de fois que les conséquences de la présence de l'action cométaire doivent amener des pluies diluviennes, dès que l'action de la comète cesse sur le même endroit, et ajoutons dans les endroits lointains qui n'ont pas été soumis à son influence.

Toute la quantité des vapeurs d'eau qui s'entassait, pendant ce temps, au-dessus des régions environnant New-York, est venue se condenser sur les régions lointaines, pour y tomber sous forme de déluge.

Ajoutez à cette première cause la sécheresse effrayante qui s'est manifestée en Algérie et qui a dû ajouter un surcroît à la dose des inondations consécutives de la comète de New-York.

INONDATIONS D'OCTOBRE 1873.

Cette 3ᵉ phase de ce même fléau est trop près du moment où j'écris ce livre, pour que je ne renvoie pas à l'année prochaine l'occasion d'en parler.

N° XVIII.

M. CLAUDE BERNARD
RENOUVELANT EN 1872
CE QUE NOUS AVONS DÉMONTRÉ
EN 1829
C'EST-A-DIRE, IL Y A 43 ANS.

C'est ainsi qu'on progresse à l'Académie des sciences : M. Claude Bernard reprend ses travaux de 1848, de 1855, 1857 et 1859, sur sa découverte du sucre qu'il débaptise en *glycose* (comme l'on agit en style académique, en style savant), ainsi que la cellule remplie de sucre en *cellule glycogène*; et de là la *glycogenèse animale*, style de la physiologie transcendante.

Il a assisté à la naissance des *cellules glycogéniques* (écrivez *cellules engendrant le sucre*, ce que vous comprendrez mieux), en signalant l'existence du sucre sur la face interne de l'amnios des œufs de poule, sucre qu'il compare à l'amidon végétal. (*Comptes rendus hebdomadaires des séances de l'Académie des sciences*, tom. LXXV, 8 juillet 1872.)

Nous invitons M. Claude Bernard à lire le mémoire que nous avons publié en 1829, dans les *Annales des sciences d'observation*, tom. Ier, page 72 et suivantes, où nous avons donné le moyen de reconnaître la présence du sucre, de l'huile et de l'albumine (sans en gréciser les trois noms) ; et à la page 89, il verra que nous avons indiqué le sucre dans l'embryon de l'œuf de poule, dans tous les tissus externes et internes des fœtus animaux quelconques, dans la membrane de l'amnios, dans le chorion et ses fibrilles, dans les ovaires, corps jaunes et ovules, enfin dans toutes les membranes de l'utérus en état de gestation, à l'exception peut-être des trompes de Fallope. Nous y avons signalé en cela la grande analogie qui existe entre les ovules des plantes et l'œuf des animaux. Nous n'insisterons pas davantage ; notre mémoire occupe vingt et une pages de ce recueil, et il se trouve juste dans la livraison où a été publiée la plante dont M. Duval-Jouve donne l'analyse dans la même séance des *comptes rendus*.

Le mémoire de M. Claude Bernard est à la page 55, et celui de M. Duval-Jouve est à la page 95 de la 2e livraison du tom. LXXV des *comptes rendus hebdomadaires des séances de l'Académie des sciences*, 8 juillet 1872 ; de même que notre travail est à la page 72 et le travail cité par M. Duval-Jouve est à la page 99 de la 1re *livraison de nos Annales des sciences d'observation*.

N'est-ce pas que M. Claude Bernard aurait mauvaise grâce à prétexter, pour excuse académique, une cause d'ignorance ?

N. B. N'allez pas penser que nous ressentions la

moindre émotion de ces sortes d'oublis volontaires. L'Institut ne peut faire autrement : il lui est défendu, non pas de nous lire, mais de nous citer, et il obéit à qui le paye. Nous nous demandons seulement qu'en dira l'histoire, et nous voudrions bien être là pour sourire au burin de l'amie de tous les vexés, de leur vivant, et des vexés qui se sont tant moqués de ces pieuses sycophanteries.

Mais à ce propos voici un nouveau volte-face de l'Académie, au sujet de l'*anneau de Saturne*; c'est M. Faye qui se charge de la pirouette, à l'occasion de la brochure de M. Hirn, de Nancy, sur ce point de la science ; ce n'est là que le commencement de la fin (*comptes rendus de l'Académie des sciences*, tom. LXXV, page 645). Dans quelque temps, ils seront de notre avis ; et ils admettront que l'*anneau de Saturne* est une illusion d'optique produite par la lumière du soleil sur la portion transparente de cet astre ; idée que nous avons émise dans l'*almanach de* 1867, page 121, et que nous avons démontrée dans l'*almanach de* 1869, page 117.

Je crois me souvenir qu'un auteur a repris notre idée en 1870. Mais, quoique armé d'un instrument pour la démonstration, il ne parut pas assez dévot pour obtenir lecture de son plagiat ; car c'en était bien un cependant.

Tenez, monsieur Hirn, vous ne manquez pas de cervelle (*hirn*, en allemand); ayez un peu moins de dévotion, et vous arriverez à comprendre la chose sous sa véritable manière.

N° XIX.

POURQUOI FAIT-IL PLUS CHAUD
QUAND
LE SOLEIL SE RETIRE DE NOUS
(EN JUILLET ET AOUT)
QUE LORSQU'IL NOUS ARRIVE DE PLUS PRÈS
(EN MAI ET JUIN).

Ce *postulatum*, qui vous semble une anomalie, n'est pourtant qu'une conséquence rigoureuse des lois de la caloricité.

En effet, lorsque le soleil nous revient du solstice d'hiver, chaque jour nous est une bouffée de chaleur qui nous frappe, et dont le surplus monte s'accumuler dans les hautes régions de l'atmosphère.

Par exemple, chauffez le plus haut appartement possible, vous trouverez qu'il y fait d'autant plus chaud que vous vous y élèverez plus haut, tellement que s'il est bien fermé vers le haut, vous y serez asphyxié, pendant que dans le bas vous respiriez à l'aise.

Ainsi au solstice d'été l'atmosphère est saturée, dans ses régions supérieures, de tout le calorique qui s'y est accumulé.

Mais dès que le soleil commence à se retirer, le calorique se met à redescendre, appelé en bas par le vide qui s'y fait; et il nous arrive chaque jour avec un excès nouveau qui le rend bientôt brûlant, quand son trop plein vient à nous atteindre, ce qui se réalise du 24 juillet au 26 août, jours appelés *caniculaires*, parce que l'étoile de Sirius qui, sur la carte céleste, porte le nom de GRAND CHIEN (*canis* et *canicula*), la plus grande des étoiles visibles dans notre hémisphère, se couche avec le soleil tous ces jours-là.

C'est alors que la terre, qui reçoit de moins en moins de calorique de la part du soleil, à cause de l'obliquité des rayons solaires, en reçoit davantage de la quantité accumulée au-dessus de nos têtes, et cela jusqu'à ce que cette provision se soit épuisée entièrement *.

C. Q. F. D., comme disent les géomètres.

---

* Ajoutez à cette explication, comme addition, ce que nous avons dit sur cette question dans l'*Almanach météorologique* pour 1869, pag. 138.

N° XX.

LE CHAMPIGNON

A

FORMES ET FIGURES HUMAINES

(Boletus anthropomorphos Rasp.).

Nos lecteurs habituels n'ont certainement pas perdu de vue l'histoire que nous avons donnée de ce singulier produit *, histoire qui remonte jusqu'à l'année 1824, et dont nous poursuivons les développements, dans toutes ses curieuses formes, depuis près de 49 ans (1824). Nous avons, dans l'ouvrage ci-dessous cité, accompagné son historique de quatre planches et demie, gravées ou lithographiées par Benj. Raspail fils.

Si l'on compare ces échantillons avec la figure publiée, en 1671, par Seger, on conviendra que cette dernière n'était pas l'œuvre de l'imagination.

Or, depuis l'année 1862, où nous avons retrouvé cette reproduction de la nature, qu'a figurée notre volume, en 1864, il ne s'est pas passé une année où cette bizarre fongosité ne se soit reproduite sur le même billot de merisier, coupé à un mètre au-des-

* *Nouvelles études scientifiques et philologiques*, 1861-1864; in-8°, page 171-191.

sus du sol, et que nous avions recouvert d'une couche de goudron.

Or voici la circonstance la plus curieuse de cette histoire : c'est que, depuis 1864 jusqu'en 1872, il ne s'est pas passé une année où nous n'ayons vu réapparaître le même bolet sur les mêmes faces est et nord-est du même merisier, et chaque fois avec des figures ou monstruosités variables à l'infini.

Il est bon d'ajouter que, sur la cicatrice du premier faux-acacia que l'on rencontre, en venant de notre petit étang artificiel, sur l'allée que nous avons nommée *Stalle-straet* (route de Stalle) en souvenir de notre heureux séjour à Uccle-lès-Bruxelles, sur cet *acacia*, le bolet conservait en grande partie ses caractères de *boletus sulfureus*, BULLIARD.

Je vais maintenant citer les dates, avec circonstances accessoires, de toutes ces productions :

1° L'échantillon de juillet 1864 est resté exposé au grand air jusqu'en mai 1865, sans être attaqué par les limaces et autres parasites des champignons ; je fus forcé de le transporter dans les vitrines de mon laboratoire, en février 1866 ; et là il fut peu à peu dévoré par les vrillettes (*anobium striatum*, Lamk.), qui n'y avaient pas touché, partout ailleurs, et tant que le bolet était resté exposé au grand air.

2° Le 5 mai 1866, trois échantillons sont trouvés tout formés, sur les mêmes faces du billot de merisier ; ils étaient recouverts de toutes sortes d'espiègleries en figurines plus ou moins achevées.

3° Le 6 juin 1867, magnifique échantillon du

même bolet sur la face est du même merisier; et en septembre de la même année, avec figurines de toute sorte; le tout traversé de tiges d'*aggeratum* (conise), de giroflée jaune et de lierre, qui jouaient librement dans l'anneau qui leur servait de passage.

4° Le 14 mai 1868, un petit bolet se forme sur le côté est du billot de merisier; et le 17 mai un autre sur le côté N.-E.

5° En 1869, l'observation a été absorbée par ma nomination de député à Lyon.

6° Le 18 août 1870, sur le même billot de merisier, nouvelle apparition d'égales singeries, parmi lesquelles on voit un personnage appuyé par terre de ses deux bras, les deux jambes recouvertes d'un cotillon. Le pédicule laisse échapper des gouttes d'un liquide abondant qui devient opale en tombant.

7° En 1871, nous étions enfermés à Paris par suite des deux siéges, qui ont mis à sac notre maison et son parc de Cachan.

8° Le 30 avril 1872, vaste série du même bolet descendant de la surface de ce billot jusqu'au sol, et offrant, entre autres figures, un personnage à perruque et à large habit du siècle de Louis XIV, et ensuite une masse de monstruosités de toutes les formes, sans oublier un bonhomme de pain d'épice qui en formait le sommet.

9° La même année, le 7 mai 1872, le même champignon se présente avec son aspect de cire jaune transparente, sur la même cicatrice de faux-acacia dont nous avons parlé plus haut, mais avec des accidents moins distincts.

10° Influence du goudron sur l'apparition de ces fongosités : Le 8 juillet 1872, je fis étendre sur la surface amputée du même merisier une couche de goudron ; et, dès le 16 du même mois, apparurent, sur toute la surface perpendiculaire de l'écorce qui fait face à l'est et au nord-est, une foule de petites boules du même *fungus anthropomorphos*, isolées, ou superposées, jaunes et cotonneuses, imitant des petits pompons. La veille on n'en retrouvait pas la moindre trace ; ils avaient poussé dans la nuit, comme le dit le proverbe. Le 19, tous offraient ce bourrelet d'un beau jaune cotonneux qui doit former le chapeau ; et le 25 juillet, tous les chapeaux avaient atteint leur taille ordinaire ; au 28, ils commençaient à se dessécher, en conservant leurs formes habituelles.

Le 3 août 1872, j'ai fait enlever tous ces nombreux individus. Les couleurs des chapeaux, si variées du marron au jaune de cire, avaient fait place au blanc ; mais la surface inférieure, couverte de pores, conservait encore sa couleur grise. Les torses des figures moulées par la nature étaient fort bien dessinés : le couteau avait un peu abîmé les têtes ; mais les robes, dont le développement atteignait depuis 10 à 30 centimètres, conservaient, en les variant, leurs plis longitudinaux et leur guipures, de la manière la plus élégante, sur la surface de leurs larges expansions ; on remarquait des bras à manches en entonnoir, comme nous en voyons chez nos faiseuses de modes.

Le 12 octobre 1872, je retrouvai, à la surface ouest du même billot de merisier, une magnifique expansion de ces fongosités à figures humaines; elles s'étendaient de haut en bas sur la paroi de l'écorce. Ces bolets étaient tous horizontalement pédiculés. Parmi les bizarreries que cet échantillon représentait, on remarquait une petite *sainte vierge* avec le *santo bambino* dans ses bras, comme *Notre-Dame de Santé* de Carpentras, qui a fait mille fois plus de miracles que la sainte vierge de Lourdes ou de la Salette, et qui n'en fait plus aujourd'hui qu'elle s'est vue négligée par l'ingratitude des pèlerins à la mode.

N. B. Cette série d'observations, sur laquelle je cesserai désormais de revenir, achève de démontrer que cette fongosité, si remarquable par ses caractères fort souvent imitatifs, se reproduit une ou deux fois chaque année, sur le même tronc de *merisier* et souvent sur le *faux-acacia*, sous l'influence d'une couche voisine de goudron; et cela, depuis 9 ans consécutifs, dans la localité que j'habite.

A PROPOS D'UNE AUTRE ESPÈCE
de
FONGOSITÉ.

Pardonnez-moi, mon cher lecteur, cette digression sur les fongosités; rien n'est indifférent dans l'étude des lois, en histoire naturelle ; et sur ce sujet les lois ont été bien mal étudiées.

Il s'agit ici également d'un *boletus* que Bulliard a appelé, d'après Schæffer :

BOLETUS JUGLANDIS SCHÆFFER.

D'après les auteurs, ce bolet ne pousserait que sur le noyer (*juglans* en latin). Or tous les ans je le vois repousser, deux fois, sur un billot de tilleul creusé jusqu'à la racine ; il pousse en dedans contre le peu d'écorce qui reste. Mais en général, il pousse double, inséré sur la même tige, qui est noire à sa base commune. Je l'ai trouvé en deux feuilles égales comme l'a vu Schæffer et non Bulliard, et souvent avec la forme excentrique de Bulliard, mais, une seule fois, simple par avortement de son frère gémeau.

Il me semble que, d'après ces renseignements, il serait mieux de l'appeler :

BOLETUS DIDELPHUS OU SIAMENSIS

(Bolet gémeau ou siamois),

en souvenir des deux frères ainsi nommés.

N° XXI.

ABOLITION DE LA PEINE DE MORT.

La peine de mort a été abolie en :
Finlande (grand-duché de)	1826 ;
Louisiane (États-Unis d'Amérique)	1830 ;
Ile de Taïti (Océanie)	1831 ;
Michigan (États-Unis d'Amérique)	1846 ;
Nassau (duché de)	
Oldenbourg (grand-duché d')	1849 ;
Brunswick (duché de)	
Cobourg (Saxe)	1850 ;
Rhode-Island (États-Unis)	
Saint-Marin (petite république de)	1859 ;
Toscane (Italie)	
Roumanie	1860 ;
Weimar (capitale du duché de)	1862 ;
Saxe-Meningen (duché de)	
Bade (grand-duché de)	
Neuchâtel (canton suisse de)	1863 ;
Zurich (canton suisse de)	
Colombie (république de)	1864 ;
Wurtemberg (maison de)	1866 ;
Suède, Portugal	1867 ;
Saxe	1868.

Quant à nous, bons Français, nous avons gardé

notre goût pour le sang, tellement qu'on y appelle sanguinaires tous ceux qui en ont le plus d'horreur.
N.B. En 1869, la férocité a repris les États allemands.

APRÈS LA PEINE DE MORT
LA CROIX D'HONNEUR!

La croix d'honneur n'arrive jamais à ceux qui sont morts en défendant bravement la patrie, mais bien souvent à ceux qui ont survécu lâchement au combat.

Je désirerais que l'on suivît, pour l'accorder, la méthode contraire, après une enquête suffisante; en attendant, écoutez, sur l'indigne prodigalité de la récompense, le rapport de M. Bardoux sur le *budget de la Légion d'honneur* :

« Les recettes s'élèvent à 7 millions de francs,
« et les dépenses à 20 millions et demi.

« Depuis la guerre le nombre des commandeurs
« a été porté de 1,000 à 1,585; celui des officiers
« de 4,000 à 8,876; celui des chevaliers à 60,000
« et celui des médaillés à 70,000. La commission
« constate qu'un pareil état de choses ne saurait
« durer. »

Quant à nous, nous demandons hautement une enquête sérieuse; et là nous relèverons la scandaleuse nomination d'un maire, scandaleuse sous tous les rapports, et une foule d'autres nominations de ce genre.

N° XXII.

MORALITÉ DU CÉLIBAT.

Je ne vous relaterai pas tous les scandales commis chaque année par des prêtres, et que les journaux peuvent signaler.

Mais recueillez, dans chaque commune et surtout dans chaque arrondissement d'une grande ville, les bruits que l'on vous raconte sur les cas de corruption de tel prêtre avec ses pénitentes, jeunes filles ou femmes mariées ; réunissez-les par une enquête : vous resterez étonnés du résultat ; et vous arriverez, dès ce moment, à cette conséquence que le meilleur moyen d'obtenir la réforme des mœurs publiques est de rétablir, dans toutes les localités, le mariage des prêtres et des instituteurs congréganistes.

Depuis la grande réforme établie par Luther chez les protestants, les pasteurs, qui sont en même temps les prêtres et les instituteurs de leurs ouailles, se conduisent en général de la manière la plus décente.

Il y a près de trois ans, qu'un *reporter* (correspondant) d'un grand journal américain (des États-Unis) étant venu me visiter, la conversation s'établit sur la conduite de nos prêtres, et il me comprit parfaitement par l'inversion suivante que je lui signalai comme étant possible, dans nos habitudes de sexe à sexe : « Supposons qu'on rétablisse, dans nos mœurs, que la confession aura lieu désormais au tribunal des sœurs religieuses (ce qui a eu lieu en beaucoup d'endroits anciennement) ; or voici ce qui en arrivera : c'est que les femmes déserteront presque toutes le confessionnal, et que les hommes y accourront en foule ; dès ce moment toutes les femmes deviendront du parti des libres penseurs. » Cette idée amusa beaucoup notre journaliste.

Savez-vous à quoi a tenu la question du mariage des prêtres au *concile de Trente* ? A la présence de quelques jeunes prélats, qui l'ont emporté sur le nombre des plus âgés, les jeunes ont tous voté pour le célibat des prêtres. Et savez-vous pourquoi la foule des jeunes prélats tenaient à la sainteté de leur célibat ? c'est que la ville de Trente regorgeait de filles publiques, tellement que le Dr Fracastor se vit obligé d'obtenir du pape le transfèrement du concile dans une autre ville, à Bologne, et le transfèrement des filles dans les divers hôpitaux ; elles avaient toutes gagné la maladie nouvelle qui venait de nous arriver d'Amérique, d'après les auteurs du temps, et d'après moi d'une influence nouvelle d'une comète, comme la maladie inconnue jusqu'à nous qui a frappé, outre nos pommes de terre, une

— 158 —

foule d'autres végétaux, vers l'époque du développement du réseau de nos chemins de fer.

Sans la précaution de Fracastor, tous nos jeunes prélats y auraient passé chacun à son tour ; car alors la maladie était mortelle.

Il faut donc que notre siècle, à qui nous sommes redevables de tant d'autres belles inventions, achève l'œuvre qu'avaient tentée les vieillards du concile de Trente, et que le mariage s'établisse, comme règle générale, parmi les prêtres et les instituteurs : et, dès ce moment, vous verrez disparaître tous ces crimes contre la civilisation, qui portent le désespoir dans les familles et y produisent d'irréparables accidents. Car enfin, essayez, par la pensée, de vous mettre à la place de tous ces enfants du peuple, constitués si largement, par la nature, pour devenir d'excellents pères de famille, époux et pères remplis d'amour, et qui, en vertu de je ne sais quelle loi, se trouvent condamnés à cette lutte acharnée de tous les instants de la vie, entre la nature et le devoir ; ne parviendrez-vous pas à comprendre que tout doit finir, dans ce combat diabolique, par arriver à violer la nature, que le devoir défend de satisfaire légitimement ?

N° XXIII.

HISTOIRE

INFINIMENT ABRÉGÉE

DE LA PLUS GRANDE MONSTRUOSITÉ

DE CE MONDE,

LE JÉSUITISME.

Dans le château de Loyola (province basque de Guipuscoa, en Espagne) il naquit, en 1491, un enfant noble qui reçut le nom d'IGNACE DE LOYOLA.

L'enfant fut élevé à la manière des nobles du pays, de façon à briller dans le métier des armes seulement, et d'après les us et coutumes conservés encore dans ce pays sauvage, où l'on regardait comme l'apanage des vilains de savoir lire et écrire ; vous vous souvenez qu'au moyen âge, en France, nos nobles ne savaient signer leurs actes qu'en y appliquant la main trempée dans l'écritoire ; en 1491 la noblesse basque en était encore là.

A l'âge de trente ans, notre Ignace de Loyola n'avait pas changé d'habitudes ; il était aussi libertin que bon militaire ; notre sainte religion ne défend ni l'une ni l'autre de ces deux qualités à la race des nobles.

Ayant été blessé, au siége de Pampelune, on lui donna pendant le cours de sa guérison, par hasard, lecture d'une *Vie de Jésus-Christ*; et de là lui vint l'idée d'aller combattre les hérétiques.

Une fois guéri, il se rend au monastère de Mont-Serrat armé de pied en cap, comme un don Quichotte de la Manche ; il dépose ses armes au pied de l'autel de la Vierge, dont il se proclame le chevalier, et, dès ce moment, il se met à apprendre à lire dans différends couvents d'Espagne et vient achever ses études à Paris, à Sainte-Barbe.

Il est probable qu'en 1822 Loyola n'aurait plus reconnu sa maison dernière ; car nous y étions professeur d'humanités, sous un prêtre marié, M. de Lanneau.

Au sortir de là il se met à jésuitiser, à rassembler des prêtres espagnols pour la même cause que lui : c'était le 15 août, jour de l'Assomption de la Vierge, dans le monastère de Montmartre, près de Paris. Comme le temps change toutes les institutions ! plus tard on lisait en fort mauvais français sur la route : *Ici c'est le chemin aux ânes*.

Bref, nos associés partent en guerre contre les hérétiques et vont tout d'abord se présenter à Paul III, souverain pontife, en même temps que l'homme le plus corrompu de la chrétienté ; ce pape n'avait pas horreur du sang, bien au contraire ; il trouva que l'intention de ces pourfendeurs de rois et d'hérétiques allait à ses goûts ; par une bulle en règle, il les institue *clercs de la compagnie de Jésus*; et dès ce moment ce blasphème court le monde, comme un CHOLÉRA permanent ; voilà 332 ans qu'il dure. En 1551, Henri II, époux de Catherine de Médicis, les accepte, pendant que son épouse lui fait des enfants de toutes les façons, comme lui avait ordonné son oncle, le pape Clément VII : *in ogni maniera*. Il fut tué en 1559, dans un tournoi, par le comte de Montgomery, qui était peut-être cette fois un devancier de Ravaillac.

Plus tard Henri III, fils de Catherine, fut assassiné par Jacques Clément, affidé au jésuitisme.

Henri IV, reconnu roi de France par le parlement en 1593, est frappé en 1594 par Jean Chatel, un de leurs élèves ; Henri IV les chasse de France le 7 janvier 1595, comme auteurs du meurtre d'Henri III et de la tentative de Jean Chatel, et *comme corrupteurs de la jeunesse, perturbateurs du repos public*, etc.

Cependant, en 1603, il a la faiblesse de les rappeler ; et en 1610 il est de nouveau frappé par Ravaillac, qui le manque ; il est achevé par d'Epernon, l'homme des jésuites, et du consentement de Concini, l'amant de Marie de Médicis, lequel se trouvait dans la même voiture, de complicité avec elle. Le fils de Marie de Médicis, une fois majeur, Louis XIII, la chassa de France ; et elle alla mourir de misère à Cologne, dans la maison de Rubens.

Pendant qu'Henri IV les rappelait en France, en

1605, ils préparaient en Angleterre la plus épouvantable conspiration contre les deux chambres anglaises et le roi Jacques Ier; on l'a désignée sous le nom de *conspiration des poudres* : tout un quartier de Londres devait y sauter. Une foule de leurs affidés y furent jugés et décapités ; leurs confréries furent bannies, à moins que leurs membres ne jurassent haine à la suprématie du pape.

En 1547, un de leurs compagnons est chassé de l'Allemagne.

En 1560, Silveria est supplicié, au Monomotapa, comme espion du Portugal.

En 1578, ils sont bannis d'Anvers.

En 1581, trois d'entre eux sont mis à mort, pour avoir conspiré en Angleterre contre la reine Élisabeth ; cinq fois encore ils conspirent contre elle, et les auteurs du crime sont suppliciés.

En 1595, le père Guignard est conduit en grève pour avoir approuvé l'assassinat de Jean Chatel.

En 1597, le pape Clément VIII leur lance cette parole foudroyante : *Tas de brouillons ! c'est vous qui troublez toute l'Église.*

En 1598 ; ils communient un scélérat qu'ils lancent contre Maurice de Nassau, et se font pour ce fait chasser de toute la Hollande.

En 1604 le cardinal Frédéric Boromée les expulse du collége de Bréda (en Hollande), comme coupables de crimes dignes de mort.

En 1606, ils sont chassés de force des États de Venise.

En 1618, ils le sont de la Bohême, comme *perturbateurs du repos public, et corrupteurs de l'opinion publique.*

En 1619, la Moravie suit l'exemple de la Bohême.

En 1631, soulèvement du Japon contre eux.

En 1641, en France, ils commencent une guerre atroce contre les braves et studieux jansénistes.

En 1643, Malte les expulse, à cause de leur dépravation et de leur rapacité.

En 1646, ils font, à Séville (Espagne), une banqueroute qui précipite plusieurs familles dans la misère.

En 1709, ils détruisent le Port-Royal, ouvrent les tombeaux et dispersent çà et là les ossements de ces illustres personnages.

En 1723, Pierre le Grand ne se croit en sûreté qu'en les bannissant de la Russie.

En 1730, un des leurs, le P. Tournemine, prêche à Caen qu'il est incertain que l'Évangile soit Écriture Sainte.

En 1743, l'impudique P. Benzi suscite la secte des mamillaires (vous me comprenez).

En 1745, le P. Pichon fait manger l'Eucharistie à tous les chiens qu'il peut rencontrer.

En 1755, les jésuites du Paraguay s'en rendent maîtres et combattent contre l'Espagne, leur mère patrie.

En 1757, Louis XV est en butte à un assassin élevé par les jésuites.

En 1758, le roi de Portugal est assassiné par les

grands seigneurs affidés à la société de Jésus; il punit les coupables et chasse les jésuites de ses États.

En 1761, banqueroute des jésuites par le P. la Valette, à la Martinique, et commencement de leur ruine.

En 1762, admirable arrêt du parlement de Paris, rendu sur le vu de leurs constitutions, et des livres approuvés par cette société. Il n'est pas de crimes et d'immoralités que cet arrêt n'ait rencontrés, à l'appui de l'expulsion la plus complète, en France, de cette honteuse institution.

En 1773, Clément XIV, ayant refait le même travail que le parlement de Paris, détruit, par une bulle, la *société de Jésus*. Ce pape meurt en lambeaux de chair, empoisonné par ces infâmes.

En 1793, je l'ai déjà démontré, les jésuites seuls ont organisé la Terreur contre les philosophes, les parlements, la noblesse composée alors presque tout entière de libres penseurs; pas un seul jésuite n'est monté sur l'échafaud.

En 1801, le pape Pie VII a rétabli cette monstruosité et s'est mis à servir et à sacrer l'empereur Napoléon Ier et dernier; et il devient, en 1814, le persécuteur acharné de tous ceux qui avaient servi l'empereur comme lui, ce qui lui attira, dans un de ses interrogatoires, cette poignante réponse *ad hominem* : « Vous l'avez oint de votre huile sacrée, pour moi je n'ai fait que lécher votre ouvrage : *l'avete unto, l'ho leccato.* »

— 165 —

L'Italie les sécularise pour les bannir de Rome.

Aujourd'hui ils sont mis à la porte de l'Espagne ; ils y ont tenté d'égorger son roi.

L'Allemagne vient de les bannir à son tour.

La France seule les conserve depuis 1814. Pardon, j'oubliais les esséniens, petite ville de mineurs près de Dusseldorf (*village de roupilleurs* en allemand) ; ces braves idiots se sont battus pour défendre (en août 1872) leurs pères (au naturel) : les jésuites.

En 1814, rentrés en France, nous n'avons pas eu une scène de carnage qui n'ait été leur ouvrage : juin 1832, avril 1834, juillet 1835, juin 1848, 2 décembre 1851, la Commune le 18 mars (rien n'est plus facile à démontrer), et enfin le massacre des vieillards, des femmes, des enfants, des innocents, à la suite du 22 mai ; une enquête libre de toute entrave démontrerait hautement ce fait, dont je suis sûr.

CONCLUSION.

Je m'adresse, en cette circonstance, à toutes les classes de notre société française qui tiennent encore à maintenir en place un semblable fantôme d'immondicité et de sang.

1° JE M'ADRESSE A LA NOBLESSE : A TOUT SEIGNEUR, TOUT HONNEUR, disait-on autrefois; mais CELA EST PASSÉ DE MODE, avec le temps.

Je me demande, messeigneurs, comment vous conciliez vos goûts pour ces barbares avec votre amour de la monarchie : depuis 332 ans est-il un seul de vos rois qu'ils aient épargné ?

Mesdames les duchesses, comtesses, vicomtesses, etc., vous êtes donc plus jésuitesses que royalistes? pourquoi ne le dites-vous pas hautement? alors nous chercherons, dans leurs monitoires, de quoi nous rendre compte de votre préférence, et nous pourrons vous demander, si le bienheureux temps de Louis XIV et Louis XV est revenu sur la terre, alors que la noblesse semblait rougir d'être fidèle à la loi du mariage, et où le mari délaissait sa femme pour sa maîtresse; et sa femme s'en accommodait à sa façon. On juge maintenant, en août 1872 à Brest un procès qui nous apprendra *cette façon* comme elle s'est passée entre une belle dame d'une haute noblesse, madame veuve de Valmont, et un recteur des jésuites, le père Dufour; la population de Brest a déjà manifesté son indignation contre le jésuitisme; nous attendons le jugement définitif.

2° JE M'ADRESSE ENSUITE A LA BOURGEOISIE :

Mes bons bourgeois, qui vous mariez pour bien vous aimer, époux et épouses, vous connaissez suffisamment ces particuliers, ces aigrefins, pour les tenir à distance de la maison nuptiale; mais vous, que la Révolution de 89 a mis sur le rang d'égalité avec les nobles, vous qui faites la force organisée du tiers état, pourquoi supportez-vous cette multitude de couvents, qui sont autant de privilégiés, alors que 89 a banni tous les priviléges? vous savez où mène le célibat, et vous confiez vos enfants, vos filles et vos garçons à de pareils donneurs de mauvais exemples! il vous en passe assez pourtant de ces hideux exemples chaque jour sous les yeux, par la lecture des journaux; ne vous dites-vous pas que tout ces tripotages cesseraient si, comme l'ont institué les protestants, tout prêtre était marié ?

3° JE M'ADRESSE AUX OUVRIERS :

Et vous, mes braves travailleurs, qui êtes destinés par l'instruction à devenir la cheville ouvrière de la sociabilité française, vous voyez le vice, et vous envoyez à son école les enfants que vous aimez! aujourd'hui je vous comprends moins qu'autrefois; car aujourd'hui vous avez des instituteurs laïques et qui s'apprêtent à vivre mariés honnêtement.

4° JE M'ADRESSE AUX PAYSANS :

A vous, braves laboureurs, à qui la République a conféré le droit de voter, à côté des nobles vos anciens despotes, et dont le vote jouit, dans la balance du suffrage universel, de la même valeur que celui du plus noble ; à vous qui alimentez la France du produit de son sol, et qui la sauvez de la famine. Pourriez-vous consentir à vous faire les souteneurs de cette secte de bandits, chassés plusieurs fois de toutes les nationalités de l'Europe, par arrêt de tous les parlements, pour avoir commis tous les crimes les plus dignes de la vengeance publique ; pendant que vous, les modèles de toutes les vertus patriarcales, vous travaillez pour nourrir, de vos impôts, ce tas de fainéants occupés à vous corrompre par tous les bouts, et toujours prêts, à chacune de vos générations, à ensanglanter vos guérets du sang le plus pur et le plus innocent, et cela tous les quarts de siècle ? Ouvrez donc enfin les yeux sur les menées de ces hommes de sang et d'impudicité : emparez-vous, par le vote de vos députés, de leurs palais dits couvents, pour les transformer en usines du travail, en refuges de la vieillesse, en grands et larges hospices pour les blessés, les infirmes et les familles qui ont à soigner des malades ; et dites à ces féroces acharnés d'aller, sur les terres des peuples sauvages, apprendre à devenir meilleurs, à moins qu'enfin désillusionnés de leur vie criminelle, ils ne veuillent devenir des hommes moraux, ainsi que le sont les pasteurs protestants, en ayant recours, devant la loi, au mariage, qui seul sanctifie toutes nos actions par la bonne conduite et le travail.

Dès ce moment, à la guerre succédera une longue et fertile paix, entre nous d'abord, et ensuite avec les peuples de la terre ; et le progrès pourra se développer sur ses deux béquilles : le travail et l'instruction.

N° XXIV.

Exemple à suivre.

Il existe, dans l'ancien Comtat Venaissin (aujourd'hui département de Vaucluse), une petite commune de 1,700 habitants environ, tous propriétaires dans un pays fertile, que l'instruction a rendu libres penseurs et tous antipapistes, dans cet ancien pays du pape. Le brave Crillon, nom si connu par la charmante lettre d'Henri IV, avait son vieux château dans le sein de ce village.

C'est la commune de Velleron, située sur une hauteur au pied de laquelle passe une branche de la rivière de la Sorgue ; cette rivière prend sa source à la fontaine de Vaucluse.

Ces braves gens, honnêtes travailleurs, ont tous ou presque tous marché dans la voie du progrès et s'y maintiennent.

Dans l'année 1871 à 1872, on y a compté vingt enterrements civils, plusieurs baptêmes et mariages sans l'intervention du clergé.

On y est aussi avancé qu'à Lyon, où chacun se rend aux enterrements civils et presque personne aux enterrements religieux : excellent moyen de diminuer l'impôt des communes.

Courage, mes enfants! continuez à vous instruire et à devenir vertueux observateurs des lois de la nature, qui vous dit, dans le fond de vos consciences, de vous aimer et secourir les uns les autres, et de vous instruire de plus en plus.

N° XXV.

POURQUOI

LES RÊVES NE SONT PAS LA RÉALITÉ

Les rêves ne nous viennent qu'en dormant et du somme le plus profond.

Le sommeil, c'est l'absence, non de la pensée qui est inséparable de la vie et qui la constitue, mais de la mémoire qui établit, par l'usage de nos sens, nos rapports avec les objets extérieurs.

Or tous nos sens sommeillent et hivernent, pour ainsi dire, la nuit, et dès le coucher du soleil au-dessous de notre hémisphère.

Cependant la vie ou la pensée continue son œuvre pendant l'hivernage des sens, c'est-à-dire du sentiment.

Mais la vie continue à se faire, en sens contraire du jour : elle a lieu par l'organe intestinal qui est notre organe radiculaire, organe de notre sommeil, organe qui ne reprend sa puissance que lorsque le soleil marche vers nos antipodes, et opère ainsi la nutrition.

La pensée seule subsiste et continue à marier ses cellules, en l'absence de la mémoire qui hiverne et qui cesse de nous mettre en rapport avec les objets qui nous environnent, pour nous éclairer sur leur présence ou leur éloignement.

Cependant, pourquoi voyons-nous dans nos rêves les objets aussi purement dessinés que dans la nature, et non disséminés çà et là, sans forme ni raison, et comme un paquet bouleversé de choses sans nom et sans caractère?

Parce que nos cellules, qui s'unissent pendant l'hivernage de nos sens, sont les mêmes que celles qui s'unissent pendant leur réveil ; et que, pendant ce temps, celles-ci moulent, pour ainsi dire, leurs effets sur la nature, que nous avons pris l'habitude d'observer dès notre enfance. Or le dessin des objets est si pur que nul peintre, avec le secours de la main, ne pourrait parvenir à le rendre ; à plus forte raison, celui qui n'a jamais appris à dessiner, c'est-à-dire, à surprendre, avec la main, les contours des objets et la couleur des surfaces, qu'il voit si exacts devant lui.

La pensée est toujours vraie, même quand la mémoire sommeille ; et quand la mémoire se réveille, en même temps que nos sens, elle rétablit nos rapports avec le monde présent et passé, et elle nous apprend que nous avons rêvé ; mais que nous avons vécu, ce qui n'en est pas moins un souvenir de la réalité. Qu'ensuite nos rêves soient des prédictions de l'avenir, ôtez-vous cela de la tête ; demandez à ceux qui se blessent, s'ils ont jamais rêvé qu'ils seraient blessés de cette façon.

Les rêves, en un mot, ne sont que l'exercice de la pensée, sans le concours de la mémoire.

N° XXVI.

SUR LA MALADIE DE LA VIGNE

ATTRIBUÉE, PAR NOS SAVANTS, A LA PRÉSENCE,

SUR LES RACINES,

D'UN TRÈS-PETIT PUCERON QU'ILS ONT NOMMÉ :

PHYLLOXERA VASTATRIX.

Dans le commencement de leurs recherches sur ce sujet, tous nos savants adoptant, tout à côté de nos principes, la présence des pucerons chez les plantes, n'ont pas manqué d'attribuer à ces insectes la maladie qui opère des ravages incalculables chez la vigne. Le gouvernement, induit en erreur par leurs savantes logomachies, les a tous couverts d'or, pour imaginer de trouver un insecticide capable de tuer ce minuscule atome, unique auteur, selon eux, d'un si grand mal.

Or voilà qu'aujourd'hui, 9 septembre 1872 (*comptes rendus des séances*, tom. LXXV, pag. 638), le plus grand partisan du *phylloxera vastatrix*, et autres ravageurs de la taille de Hausmann, vient faire l'aveu que tous les insecticides ont perdu leur latin à la poursuite de ce tout petit insecte ; et, ce qui embarrasse le plus les savants de sa façon, c'est de connaître comment cet insecte, souvent ailé, se propage d'une vigne à l'autre. Il me semble que c'est avec leurs six pattes et leurs ailes dans l'occasion.

Enfin ils finissent tous par avouer que les inondations sont le meilleur insecticide.

Braves gens du bon Dieu, que le bon Dieu vous bénisse, et à son défaut, la bonne Vierge de la Salette ou la bonne Vierge de Fourvières à *Lyon*, bien plus puissante que sa voisine de *l'Isère*, ou toute autre Notre-Dame de quelque lieu que ce soit!

Après ce souhait de bienveillance, je me permettrai de donner mon opinion sur le cas qui embarrasse nos plus fortes et *chères* têtes de savants, et je commencerai par leur dire qu'ils ont eu tort de donner à l'insecte un nom particulier ; car ce puceron n'est que le parasite de la maladie, bien loin d'en être l'auteur.

Or donc j'ai tâché de vous démontrer, depuis bien longtemps, que la maladie des pommes de terre avait été déterminée par l'influence de l'établissement des chemins de fer sur la direction des orages, et qu'une foule d'autres plantes étaient frappées du même fléau, par suite de la même cause. (Voyez la *Revue Complémentaire*.)

Sans aucun doute vous n'avez pas reçu de vos confesseurs la permission de lire les preuves à l'ap-

10.

pui de cette démonstration ; je le regrette dans l'intérêt du fisc que votre erreur a entraîné dans des dépenses aussi ruineuses ; mais je me contente ici de vous le rappeler.

La cause de la maladie de la *vigne* ne diffère en aucune manière de celle des *pommes de terre* ; c'est un effet du dard de l'orage, tenez cela pour évident dans le fond de vos cœurs, jusqu'au jour où vous aurez obtenu la permission de l'avouer au public sous un nom ou sous un autre.

Et voilà pourquoi les inondations préservent la *vigne* des ravages de la maladie ; l'inondation en effet est un excellent conducteur d'électricité.

Mais une inondation continue serait un fléau équivalent à l'autre, vu que la vigne n'est pas une plante aquatique, bien loin de là.

Pourquoi, dès lors, ne placeriez-vous pas dans chaque vigne un tout court paratonnerre de quelques mètres de haut ? ce serait là le meilleur insecticide, en ayant l'attention d'adapter à la base un vase ou un baquet rempli d'eau habituellement ; j'ai dit.

Maintenant n'en faites rien, si bon vous semble ; n'en parlez pas, si Loyola vous le défend ; comme, à mon âge, je me méfie du jus de raisin, je m'en lave les mains, ce qui est en tout temps hygiénique, au propre comme au figuré.

No XXVII.

VOUS PENSEZ

QUE LE RAISIN FERMENTE POUR PRODUIRE DE L'ALCOOL;

EH BIEN NON : IL MOISIT,

d'après l'académicien
PASTEUR.

Nous n'avons pas oublié les vastes et incompréhensibles démonstrations de l'auteur sur les moyens d'assainir les œufs des vers à soie. Cet interminable travail a coûté, au maréchal Vaillant, des dépenses d'esprit et de cœur qui n'ont abouti à rien, en faveur des éleveurs ruinés.

Arrivons aujourd'hui à un autre genre de question pour la solution de laquelle l'imagination se creuse la cervelle de la même façon et avec les mêmes ressources de langage; à savoir la question de la fermentation.

Ne vous attendez pas à ce que nous imitions la stérile prolixité de l'auteur; ce petit livre ne la comporte pas et, vous le savez bien, cela ne rentre pas dans nos habitudes; nous commençons donc sans autre préambule :

M. Pasteur prétend que la fermentation ne peut avoir lieu qu'à l'aide de corps répandus dans l'air et qui, sous sa plume, prennent le nom de *ferments*.

Or, a-t-il jamais vu un de ces corps qu'il suppose répandus en nombres infinis?

Pas le moins du monde; il les suppose, et l'hypothèse lui suffit; pour cela faire, il multiplie les ballons de verre à col effilé, à ce qu'il nous dit: ce qui ne nous importe guère; nous ne lui opposerons pas ballon à ballon.

Voici une expérience que la nature fait chaque jour en nous, et qui est une réfutation continuelle de la longue divagation de l'auteur.

Je veux parler du travail de notre digestion, qui est la fermentation la plus immédiate et la plus constante qui soit au monde.

Qu'elle s'arrête un seul instant, et la souffrance la remplace et bien souvent la mort subite.

Or, je ne sache pas de ballon mieux fermé aux agents de l'atmosphère, de quelque nature qu'on les suppose, que la cucurbite de l'estomac, qui peut impunément rester ainsi fermée à l'air extérieur d'un repas à l'autre.

Pendant ces intervalles tout fermente avec ordre dans cette cucurbite: le sucre et le gluten se transforment en alcool, puis l'alcool avec le surplus de gluten en acide acétique, ou lactique, ou autrement dit gastrique; et cela sans s'arrêter un seul instant jusqu'à ce que les dernières couches du bol alimentaire aient été consommées à cette espèce de travail.

Je ne pense pas que M. Pasteur confonde ce qui se passe dans la cucurbite de l'estomac avec la respiration qui se fait, au moyen du nez ou de la bouche ouverte, dans le travail des poumons; sortes d'organes aussi essentiels à la vie que la cucurbite de l'estomac, mais qui ne communiquent avec lui que par les vaisseaux sanguins et lymphatiques.

Autre mode d'expérimentation pratique : le feu détruit tout et purifie l'air de tous ses corpuscules qui y abondent; et pourtant on ne digère jamais si bien qu'entouré de feux de bivouacs; on devrait au contraire y souffrir par la diminution des corpuscules du ferment.

Après une pluie d'orage, qui purifie l'air de tous les corpuscules y suspendus, la fermentation établie devrait diminuer et disparaître complétement, faute de corpuscules.

Enfin l'atmosphère des mers, qui n'admet pas les mêmes corpuscules que l'atmosphère des terres, devrait donner à la fermentation du vin un tout autre caractère ; ce que l'on n'a jamais observé.

J'en donnerais bien d'autres raisons analogues encore, si je ne rougissais pas de consacrer tant de temps à ces savantes hâbleries, auxquelles acclament Dumas et Bérard. On rapporte à ce sujet qu'un mauvais plaisant de l'assistance a dit : Ma foi, je n'y entends rien ; mais les trois s'entendent fort bien.

N° XXVIII.

L'INTERNATIONALE ET L'ULTRAMONTANISME

J'ai eu soin d'avertir l'ouvrier et le bourgeois (dans l'*almanach météorologique* de 1872, page 153) que L'INTERNATIONALE n'était autre que l'agent secret du JÉSUITISME; et qu'elle était entretenue, dans ses grèves, aux frais de cette riche société, que l'arrêt rendu, par le parlement, en 1762, a bannie du royaume de France, comme composée d'un tas de scélérats assassins et préconisateurs de toutes les espèces de crimes punis par nos lois.

Ce simple mot lancé dans le monde a paru peu à peu de la dernière évidence; seulement notre presse, toujours méticuleuse, quand elle doit traiter de semblables questions, a substitué au mot de *jésuitisme* qui va droit au but, celui d'*ultramontanisme* dont le sens échappe aux dix-neuf vingtièmes des citoyens : ULTRAMONTANISME, du latin *ultrà* (au delà) et *mons, montis* (montagne, c'est-à-dire, les Alpes, et c'est encore à dire, de Rome) n'arrive à désigner la *société de Jésus*, que par trois ou quatre enjambées que l'ouvrier d'aujourd'hui ne peut pas encore faire.

L'ouvrier des grèves, aussi ruineuses pour lui que pour le patron, doit donc bien savoir que *jésuitisme* et *ultramontanisme* sont deux mots synonymes; et aujourd'hui tous les intéressés conviennent que les grèves sont salariées par les écus de la *société de Jésus*.

C'est là, précisément, ce qui a fait se dissoudre spontanément et d'un commun accord, en septembre 1872, le congrès tenu à la Haye (Hollande); et le chef, jusque-là, de l'*Internationale* s'est vu forcé de retourner dans le couvent des jésuites de Londres, devant le mépris public du congrès de Hollande. De rage il a donné sa démission; et on lui a répondu : *Ainsi soit-il!*

Faudra-t-il pour cela que l'ouvrier reste sans recours contre l'inhumanité ou l'indifférence de ses patrons ?

Nullement! Il doit faire valoir ses droits. Mais le droit exclut l'idée de la force et de la violence; il exclut surtout la cessation du travail, dont toute la société souffre la première.

De là vient que la plupart de nos corporations ouvrières ont compris un tout autre moyen de faire valoir leur droit; ce moyen le voici :

Patrons et ouvriers, ils ont fondé, chacun de leur côté, un syndicat composé d'un égal nombre de syndics, qui formera le tribunal devant lequel seront portés tous les différends survenus entre l'ouvrier et le patron ; ce qui est le genre le plus équitable et le moins coûteux d'obtenir pacifiquement justice.

FIN.

TABLE DES MATIÈRES.

	Pages.
Avertissement...	5
Correspondance des années.............................	
Comput ecclésiastique. — Quatre-temps. — Fêtes mobiles.	9
Commencement des saisons en 1873. — Éclipses........	10
Explication des abréviations et significations...........	11
Axiomes de météorologie................................	15
Concordance du triple calendrier grégorien, républicain et météorologique, pour 1873............................	18
Prévision du temps pour chaque mois de l'année 1873..	32
Physionomie de chaque mois d'après Cotte.............	40
Observations recueillies à l'Observatoire de Paris en 1816	45
Tableau du lever et du coucher du Soleil et de la Lune.	59
Éphémérides des hommes et événements célèbres.......	64
Nomenclature des nuages...............................	102
Aurore boréale ou plutôt crépusculaire; sa théorie.....	108
Les mœurs de l'Hirondelle.............................	127
Le Vésuve et les inondations ou le feu amène l'eau.....	138
Cause inattendue de nouvelles inondations.............	141
M. Claude Bernard renouvelant en 1872 ce que nous avons démontré en 1829 et autres curiosités...........	143
Pourquoi fait-il plus chaud quand le soleil se retire de nous que lorsqu'il nous arrive de plus près?.........	146
Le champignon à formes et figures humaines...........	148
Abolition de la peine de mort..........................	154
Après la peine de mort, la croix d'honneur.............	155
Moralité du célibat....................................	156
Histoire de la plus grande monstruosité : le jésuitisme..	159
Exemple à suivre.......................................	169
Pourquoi les rêves ne sont pas la réalité...............	170
Maladie de la vigne : *Phylloxera vastatrix*............	172
Vous pensez que le raisin fermente pour produire de l'alcool; eh bien non : il moisit, d'après l'académicien Pasteur...	175
L'Internationale et l'Ultramontanisme.................	178

Clichy. — Imp. Paul Dupont, et Cie, rue du Bac d'Asnières, 12.

NOUVEAU SYSTÈME DE CHIMIE ORGANIQUE, à l'usage des manufacturiers et des gens du monde, par F.-V. RASPAIL, 3 gros vol. in-8º et un atlas in-4º de 20 planches, dont quelques-unes coloriées. 1838. — Prix. 30 fr.

NOUVEAU SYSTÈME DE PHYSIOLOGIE VÉGÉTALE, par F.-V. RASPAIL, 2 gros vol. in-8º et un atlas de 60 magnifiques planches dessinées et gravées par les meilleurs artistes. 1837. — Prix : avec planches en noir 30 fr. Avec planches coloriées .... 50 fr.

LES BÉLEMNITES FOSSILES RETROUVÉES A L'ÉTAT VIVANT, par F.-V. RASPAIL. in-8º de VI-48 pages, papier vélin, avec une planche coloriée, dessinée et gravée par son fils Benj. Raspail. — Prix...... 4 fr.

HISTOIRE NATURELLE DES AMMONITES ET DES TÉRÉBRATULES des Basses-Alpes, de Vaucluse et des Cévennes, par F.-V. RASPAIL; — Nouvelle édition considérablement augmentée et enrichie de 11 planches lithographiées par son fils Benj. Raspail. — 1 vol. gr. in-4º oblong, format d'album. — Prix.. 12 fr.

LA LUNETTE DU DONJON DE VINCENNES, *Almanach de l'Ami du Peuple* pour 1849, par F.-V. RASPAIL, représentant du peuple. — Prix. 75 c.

LA LUNETTE DE DOULLENS, *Almanach de l'Ami du Peuple* pour 1850, par F.-V. RASPAIL, représentant du peuple à la Constituante. — Prix 50 c. Par la poste.. 65 c.

PROCÈS ET DÉFENSE DE F.-V. RASPAIL, poursuivi le 19 mai 1846, en exercice illégal de la médecine, sur la dénonciation formelle des sieurs Fouquier, médecin du roi, et Orfila. — Nouv. édit. 1855, augmentée de la DÉFENSE EN COUR D'APPEL. — Prix............................... 60 c. Par la poste.. 75 c.

PROCÈS PERDU, GAGEURE GAGNÉE; OU MON DERNIER PROCÈS EN 1856, par F.-V. RASPAIL. In-8º. — Prix............................ 75 c.

NOUVELLE DÉFENSE ET NOUVELLE CONDAMNATION DE F.-V. RASPAIL à 15,000 fr. de dommages-intérêts, pour avoir demandé, le 8 novembre 1845, et obtenu le 30 décembre 1847, la dissolution de la société par lui formée avec le pharmacien-droguiste du nº 14 de la rue des Lombards. — Prix : 50 c. — Par la poste.................................... 65 c.

RÉPLIQUE AU SIEUR LÉON DUVAL. Paris, 1846. In-8º. — 9e édition. 10 c. Par la poste.. 15 c.

COLLECTION DE L'AMI DU PEUPLE, en 1848, par F.-V. RASPAIL. Ce journal, dont le 1er numéro porte la date du 26 février, se publiait le jeudi et le dimanche sur la voie publique; il cessa de paraître à la suite de la journée du 15 mai. — Prix des 21 numéros....................... 2 fr. Par la poste.. 2 50

N. B. — Les lettres non affranchies sont rigoureusement refusées. — Les envois se font en échange d'un mandat sur la poste ou sur une maison de Paris, ou contre remboursement.

14, RUE DU TEMPLE, A PARIS.

MANUEL ANNUAIRE
DE LA SANTÉ
POUR 1872
ou
MÉDECINE ET PHARMACIE DOMESTIQUES,
contenant

TOUS LES RENSEIGNEMENTS THÉORIQUES ET PRATIQUES NÉCESSAIRES POUR SAVOIR PRÉPARER ET EMPLOYER SOI-MÊME LES MÉDICAMENTS, SE PRÉSERVER OU SE GUÉRIR AINSI PROMPTEMENT, ET A PEU DE FRAIS, DE LA PLUPART DES MALADIES CURABLES, ET SE PROCURER UN SOULAGEMENT PRESQUE ÉQUIVALENT A LA SANTÉ, DANS LES MALADIES INCURABLES OU CHRONIQUES,

PAR F.-V. RASPAIL.

27ᵉ année, ou 26ᵉ édition considérablement augmentée. 1 vol. in-18 de plus de 450 pages. — Prix : 1 fr. 50 c. — Par la poste : 1 fr. 80 c.

LE CHOLÉRA EN 1865 ET 1866. 3ᵉ édition, par F.-V. RASPAIL. In-8°. Prix : 60 cent. — Poste : 70 cent.

LE FERMIER-VÉTÉRINAIRE, ou Méthode aussi économique que facile de préserver et de guérir les animaux domestiques, et même les végétaux cultivés, du plus grand nombre de leurs maladies, par F.-V. RASPAIL. — 1 vol. in-18. Prix : 1 fr. 25 cent., et par la poste : 1 fr. 50 cent.

Le *Fermier-Vétérinaire* a pour but d'apprendre aux fermiers, bergers, éleveurs et propriétaires d'animaux domestiques, à se passer du concours du vétérinaire, dans les circonstances analogues à celles où le *Manuel annuaire de la Santé* apprend à chacun à se passer du médecin. Par une extension d'idées dont les vrais agronomes apprécieront la justesse et l'opportunité, M. Raspail s'est tout autant occupé, dans cet ouvrage, des maladies des végétaux cultivés et de leur médication que de celles des animaux eux-mêmes.

Appel urgent contre les empoisonnements industriels ou autres qui compromettent de plus en plus la santé publique et l'avenir des générations, par F.-V. RASPAIL. — 1 vol. in-12. — Prix : 1 fr. | Par la poste : 1 fr. 25 c.

CLICHY. — Imp. PAUL DUPONT et Cie, rue du Bac d'Asnières, 12.

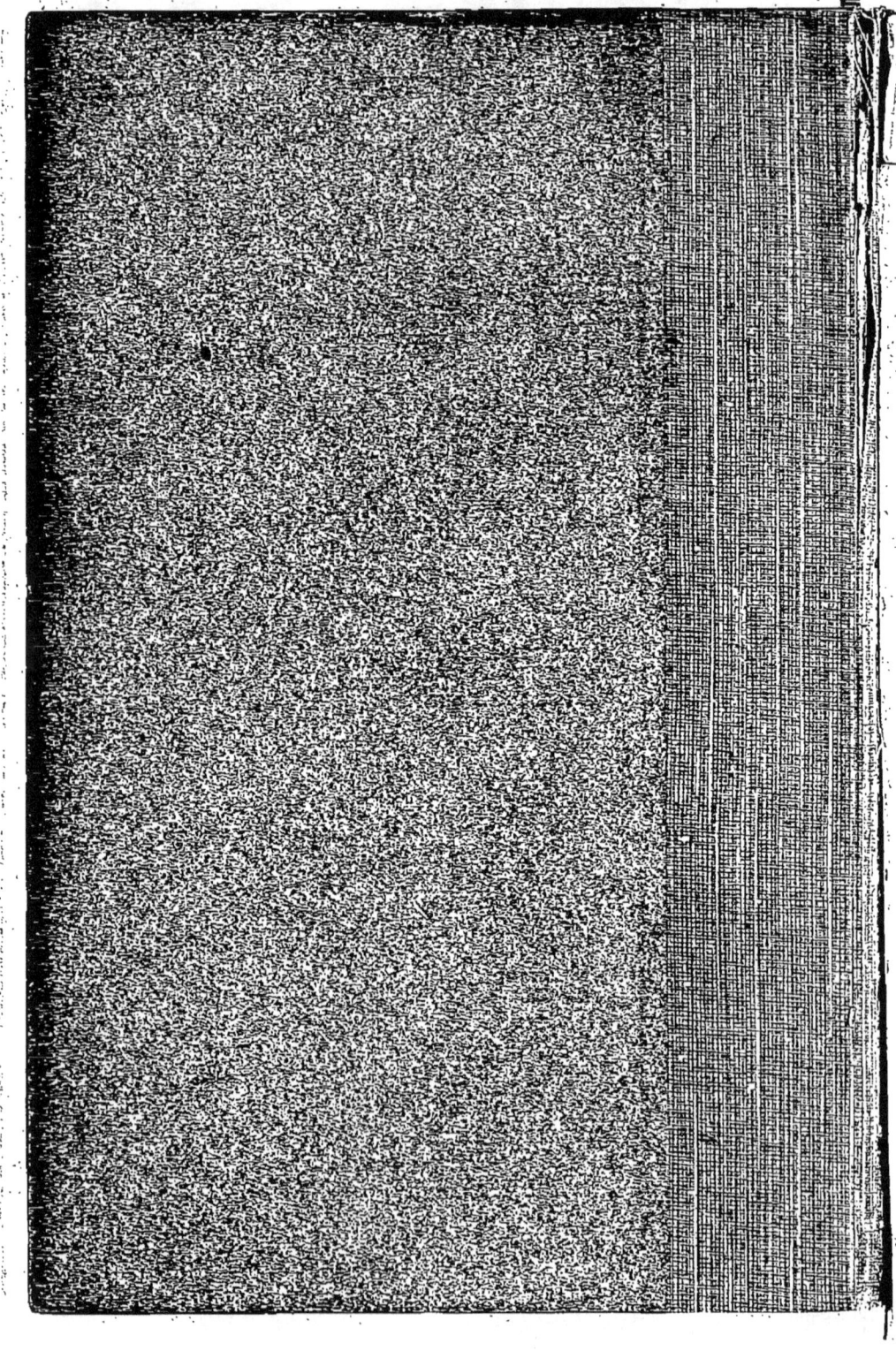